目　录

※ 本书编织图中未注明单位的数字均以厘米（cm）为单位。

01 流苏边菜篮包

这款菜篮包是用和纸线钩织而成，显得非常清爽。钩出来的圆环手柄和流苏的搭配，使这款菜篮包洋溢着十足的度假感。

钩织方法▶ p.33

线：DARUMA SASAWASHI

圆环手柄：日本纽扣贸易

设计：水原多佳子

02

绒球装饰菜篮包

与 p.2 的流苏边菜篮包版型相同，只是换成了米黄色线钩织。用木棉线制作的一排绒球，代替了流苏设计。绒球建议使用活泼跳跃的颜色制作。

钩织方法▶ p.33

线：DARUMA SASAWASHI、
DARUMA 梦色木棉
圆环手柄：日本纽扣贸易
设计：水原多佳子

03

可替换内袋
网兜包

这款网兜包是用绳状的线钩织成的。可以多准备几个布制的束口袋作为内袋，根据每天的心情，搭配衣服替换使用，非常方便。

放入了黑白格子的束口袋

小花图案的束口袋，颜色
更加艳丽

钩织方法▶ p.36

线 : DARUMA LILI
设计 : 久富素子

04 束口单肩包

这款单肩背的束口包，为了让从穿入口穿过的绳子更容易拉紧固定，还添加了装饰扣。松石绿色和象牙白色的配色十分清爽。

钩织方法▶ p.38
线：Olympus chapeautte
设计：marshell（甲斐直子）

05、06 日式手袋风三角包

这是一款利用漂亮的方眼针钩织出的镂空花样三角包。日式手袋风格的款式，由 3 个正方形织片组成。容易折叠，方便携带。

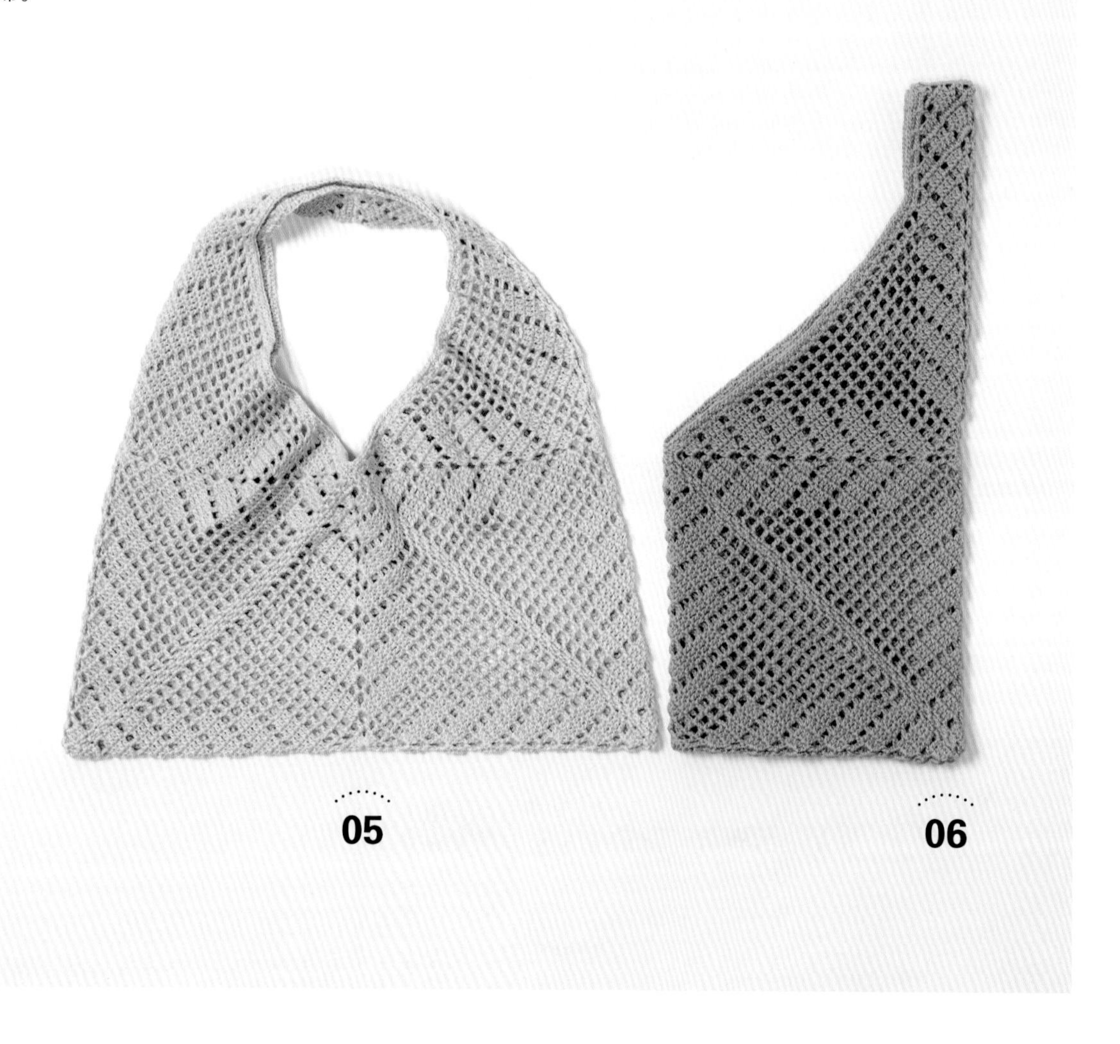

钩织方法 ▶ p.50

线：DARUMA 蕾丝线 20 号

设计：冈真理子

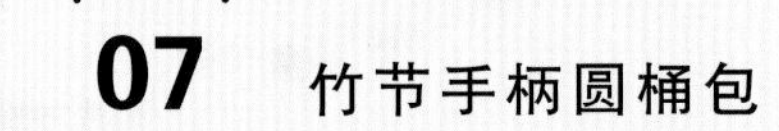

07 竹节手柄圆桶包

这款圆桶形状的包包，用竹节手柄连接在袋口处。因为包身直接从圆形包底上钩织，所以制作速度很快，包形也十分挺括。

钩织方法▶ p.40

线：Hamanaka eco・ANDARIA

手柄、皮革包底：Hamanaka

设计：桥本真由子

08 方底篮子

这款漂亮的长方形篮子，拥有类似棋盘格的花纹，不仅可以外出携带，也可以在家里作为收纳容器使用。因为使用了皮革包底，所以形状很好。

钩织方法▶ p.42

线：Hamanaka eco・ANDARIA
皮革包底：Hamanaka
设计：深濑智美

09 圆形手拎包

这是现在非常流行的圆形包包。整体造型像一朵硕大的花，让人过目难忘。添加了薄薄的侧边，使用起来更方便。

钩织方法▶p.44

线：Hamanaka eco・ANDARIA

设计：ATELIER *mati*

10 马赛克手拎包

这款包包由马赛克风格的花片连接而成，配色典雅，
看起来优雅、成熟。

钩织方法▶ p.46
线：Hamanaka Wash Cotton
提手：INAZUMA
设计：武田浩子

只有在连接花片的过程中，才能体会到各种连接方法带来的乐趣，进而打造出完美的包形

11

圈圈针编织的束口包

这款圆滚滚的束口包，表面全部运用圈圈针编织，质感类似长毛绒。根据用作提手的绳子的不同穿法，可以选择当挎包或是当手拎包使用。

钩织方法▶ p.48

钩织方法▶ p.48

线：DARUMA Linen Ramie Cotton
绳子：日本纽扣贸易
设计：冈本启子
制作：佐伯寿贺子

12 两用手拿包

这款短针钩织的时尚手拿包有花朵花样的饰边，可以插入折叠好的包口，或手挽使用。不折叠的话，也可以作为扁平形的包包使用。

钩织方法▶ p.56

线：Olympus chapeautte

设计：marshell（甲斐直子）

13 水玉图案小挎包

排列在这款挎包上的黑色圆球，像一颗颗浆果，十分可爱。荷叶边形状的包盖和挂在侧面的流苏，都是点睛之笔。

钩织方法 ▶ p.70

线：DARUMA SASAWASHI
皮革肩带：INAZUMA
设计：桥本真由子

14、15

短针编织的托特包

在这款短针钩织的托特包上，用缝有人字纹的织带做提手。简洁清爽的设计，容易搭配各种服饰。

14

在包包中放入专用底板，可以增加包形的稳定性。

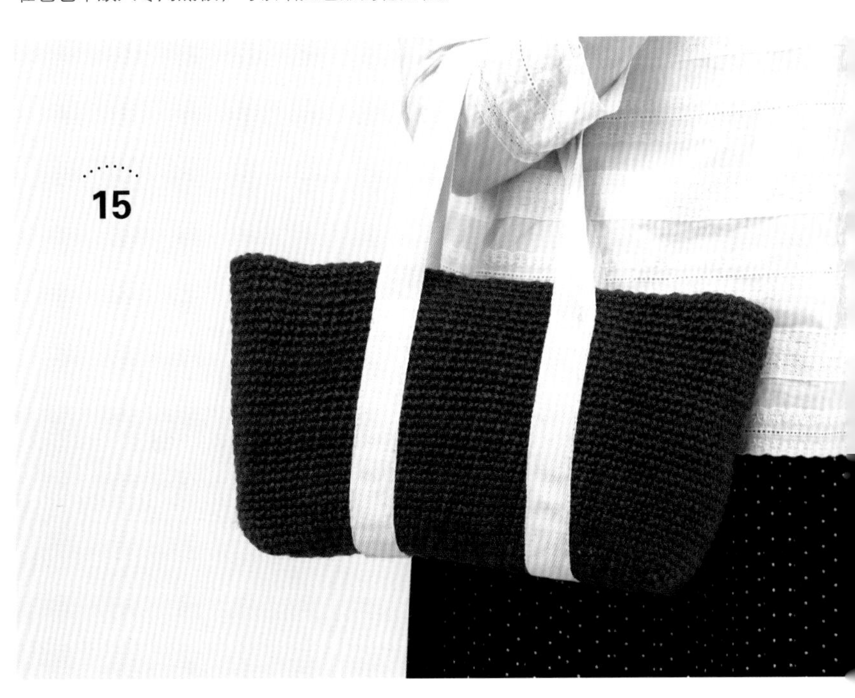

15

钩织方法▶ p.53

线：Hamanaka Comacoma
专用底板：日本纽扣贸易
设计：西村明子

16 费尔岛配色花样手拎包

用钩针表现出类似费尔岛配色花样的图案。重复两种编织花样，钩织起来竟格外轻松。

钩织方法▶p.58
钩织方法▶p.58

线：Olympus Emmy Grande HOUSE
皮革提手：INAZUMA
设计：冈本启子
制作：佐伯寿贺子

17 菠萝针手拎包

这款包完全采用菠萝针钩织，钩织起来十分有趣。圆形的底部，不做过多镂空花样的话，能装入很多东西。

钩织方法▶ p.60

线：Olympus Emmy Grande HOUSE

设计：金子祥子

18

单提手两用包

这款单肩挎包，既可以挎在手臂上也可以挎在肩上，有着不同的风格。黑色的饰边表现出适度的存在感。

钩织方法▶ p.62

线：DARUMA GIMA

设计：深濑智美

19、20 YOYO 拼布风抽口袋

这款包看起来像 YOYO 拼布一样，用圆形花样连接而成。红色款的设计显得成熟可爱，彩色款的设计则用白色搭配了 3 种深浅不一的蓝色。

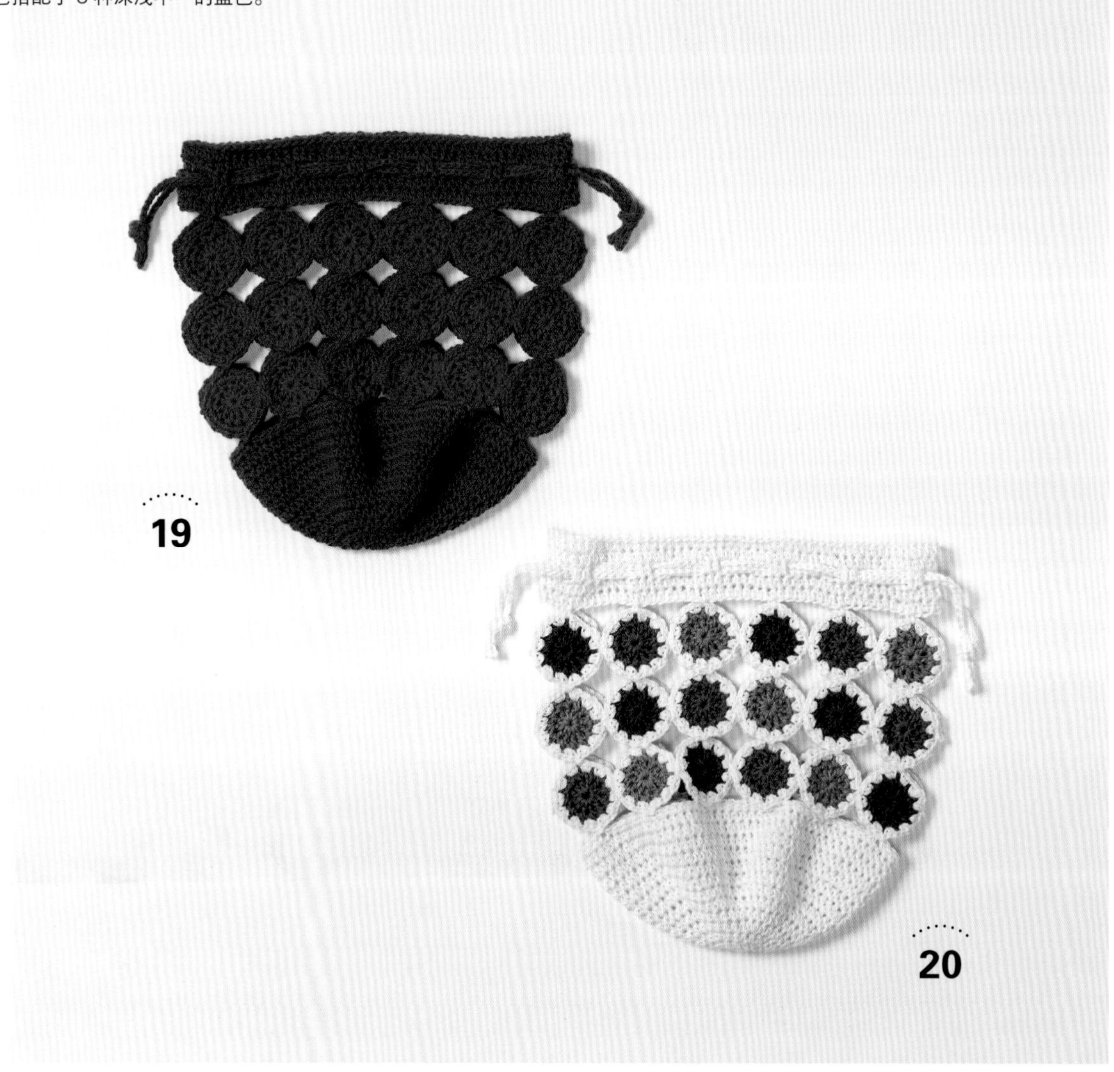

钩织方法▶ p.64

钩织方法▶ p.64

线：Hamanaka Flax K

设计：ATELIER *mati*

21 长链条口金包

钩织的爆米花针使这款包包显得更加饱满灵动，参加聚会时背着也很合适。使用了钩边的口金，钩织质地一直延伸到边缘。

钩织方法▶ p.66

线：Hamanaka eco・ANDARIA

口金、链条：Hamanaka

设计：冈本启子

制作：中川好子

22、23 口金零钱包

这款是阿兰风的钻石图案口金包。因为是短针钩织的，所以不配里布也很结实。选择有大圆珠的口金更好看。

钩织方法 ▶ p.68

线：DARUMA Cotton Crochet Large
口金：INAZUMA
设计：武田浩子

本书中使用的线

＊线为实物粗细

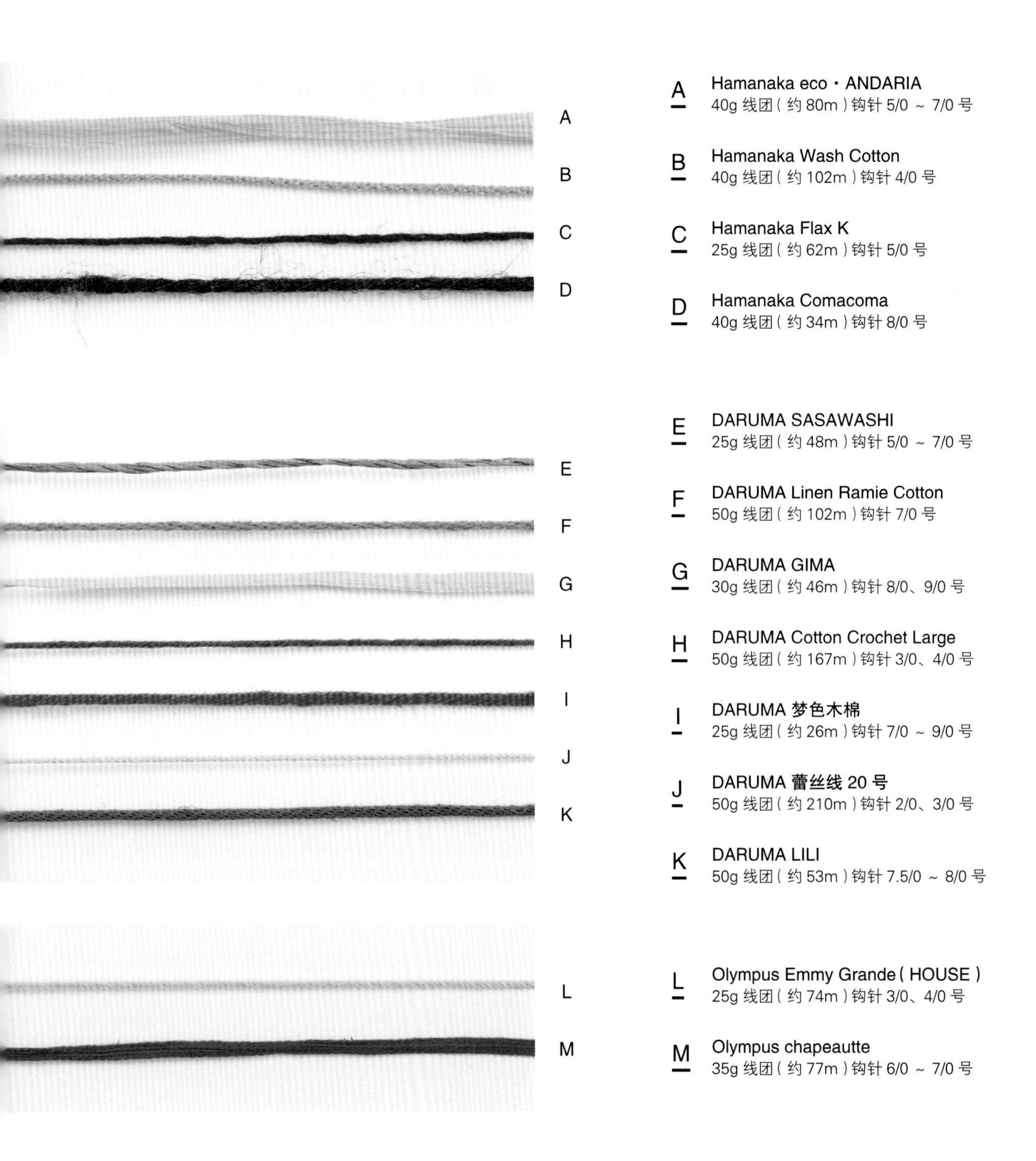

A Hamanaka eco・ANDARIA
40g 线团（约 80m）钩针 5/0 ～ 7/0 号

B Hamanaka Wash Cotton
40g 线团（约 102m）钩针 4/0 号

C Hamanaka Flax K
25g 线团（约 62m）钩针 5/0 号

D Hamanaka Comacoma
40g 线团（约 34m）钩针 8/0 号

E DARUMA SASAWASHI
25g 线团（约 48m）钩针 5/0 ～ 7/0 号

F DARUMA Linen Ramie Cotton
50g 线团（约 102m）钩针 7/0 号

G DARUMA GIMA
30g 线团（约 46m）钩针 8/0、9/0 号

H DARUMA Cotton Crochet Large
50g 线团（约 167m）钩针 3/0、4/0 号

I DARUMA 梦色木棉
25g 线团（约 26m）钩针 7/0 ～ 9/0 号

J DARUMA 蕾丝线 20 号
50g 线团（约 210m）钩针 2/0、3/0 号

K DARUMA LILI
50g 线团（约 53m）钩针 7.5/0 ～ 8/0 号

L Olympus Emmy Grande（HOUSE）
25g 线团（约 74m）钩针 3/0、4/0 号

M Olympus chapeautte
35g 线团（约 77m）钩针 6/0 ～ 7/0 号

作品编织方法

p.2、3 01、02

◆ 用线

01 DARUMA SASAWASHI

紫灰色（7）170g

02 DARUMA SASAWASHI

米黄色（1）160g

DARUMA 梦色木棉

粉色（8）45g

紫色（14）45g

◆ 其他材料

圆环手柄

（日本纽扣贸易 P273L　内径 11cm、外径 13cm　T 透明）1 组

◆ 工具

钩针 7/0 号、6/0 号

◆ 密度（10cm × 10cm 面积内）

短针 18 针，16 行

编织花样（钩织终点侧）20 针，15 行

◆ 完成尺寸

高 25.5cm，宽 40.5cm

◆ 钩织方法

1. 环形起针，底部环形编织短针。
2. 继续做编织花样，主体钩织短针，穿入口处环形编织。
3. 钩织短针包裹手柄。
4. **01** 在手柄上连接流苏。
   02 制作绒球，连接在手柄上。
5. 将手柄连接在包身上。

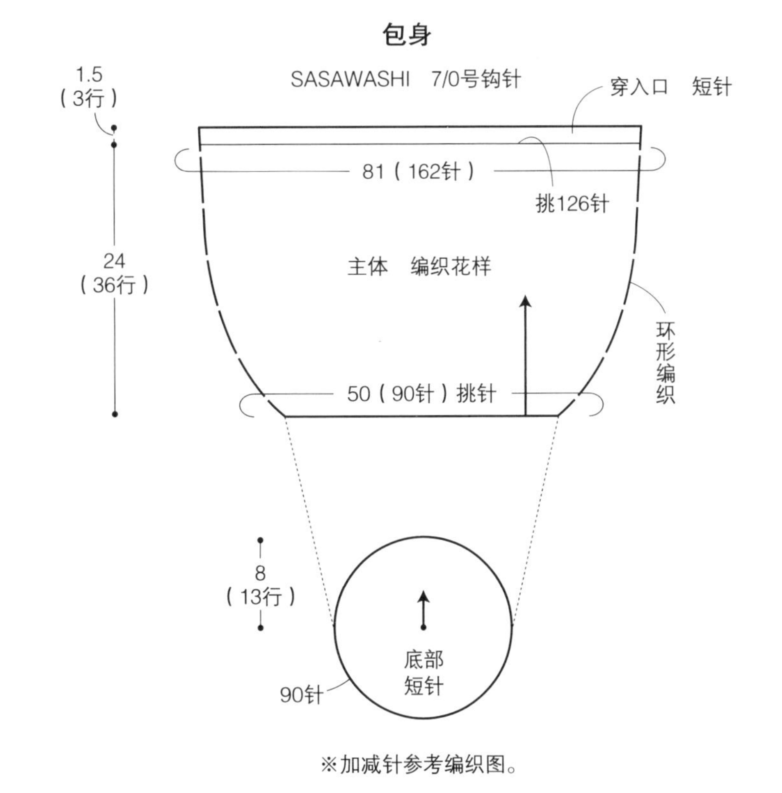

※加减针参考编织图。

包身编织图

☒ = 挑起前一行短针头部的内侧1根线，钩织短针。

⨯̲ = 挑起前一行短针头部的外侧1根线，钩织短针。

= 挑起前一行短针头部的内侧1根线，钩织短针，再挑起同一针短针头部的外侧1根线，钩织短针。

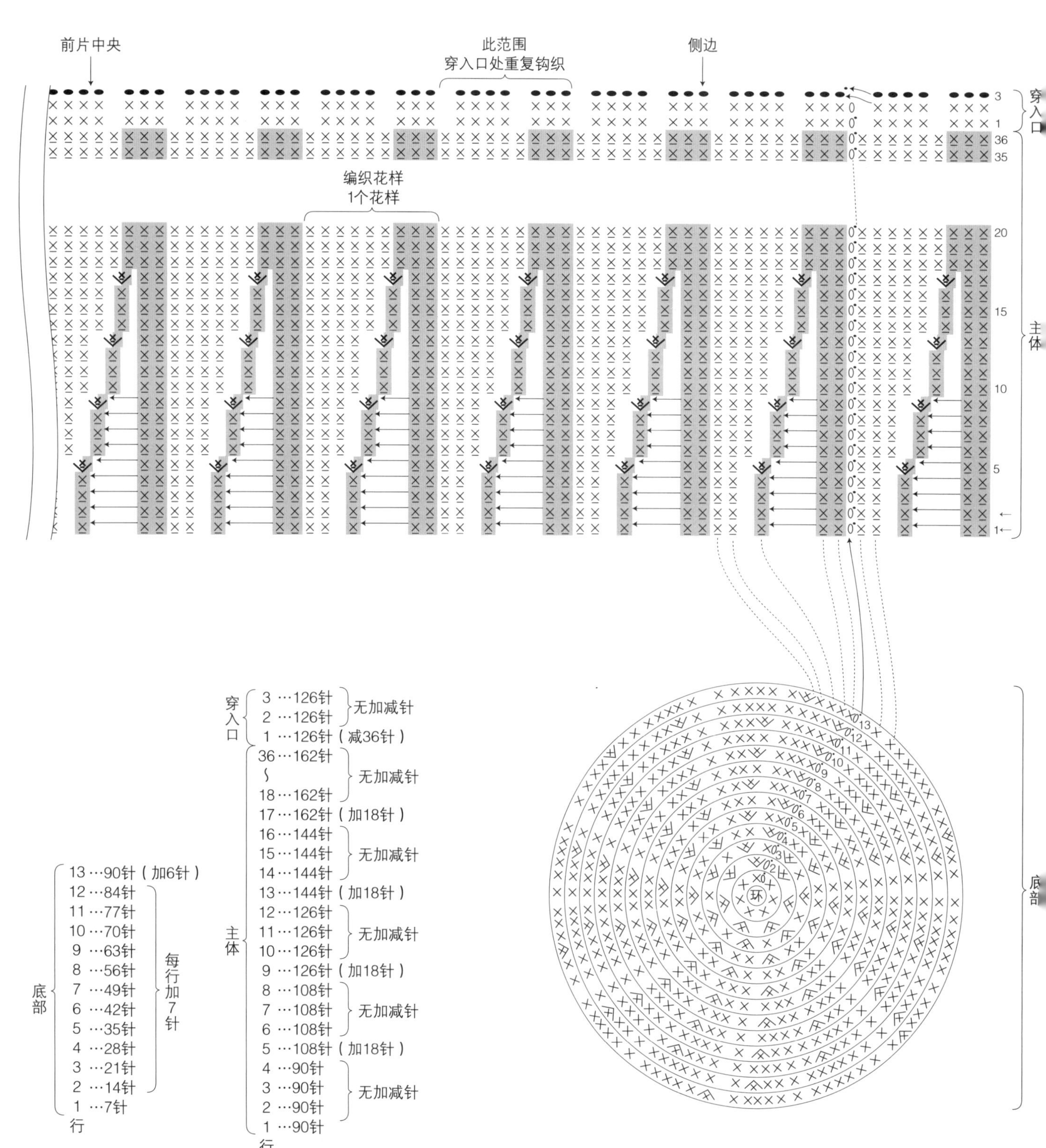

01 手柄的编织图（2根）

6/0号钩针

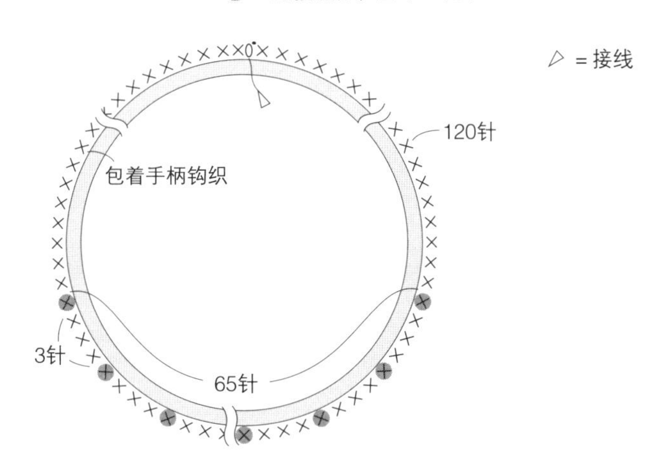

02 手柄的编织图（2根）

6/0号钩针

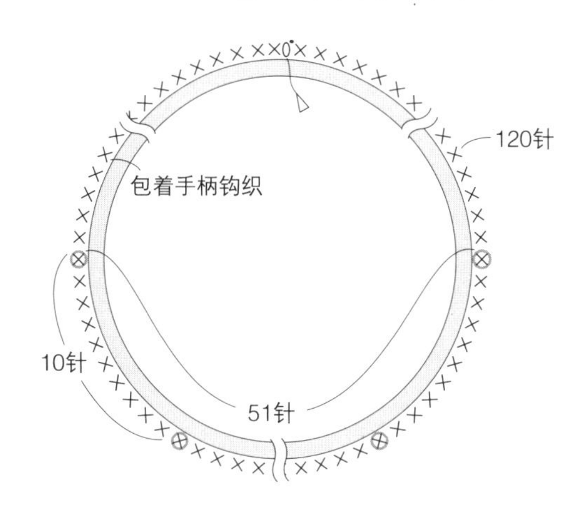

组合方法

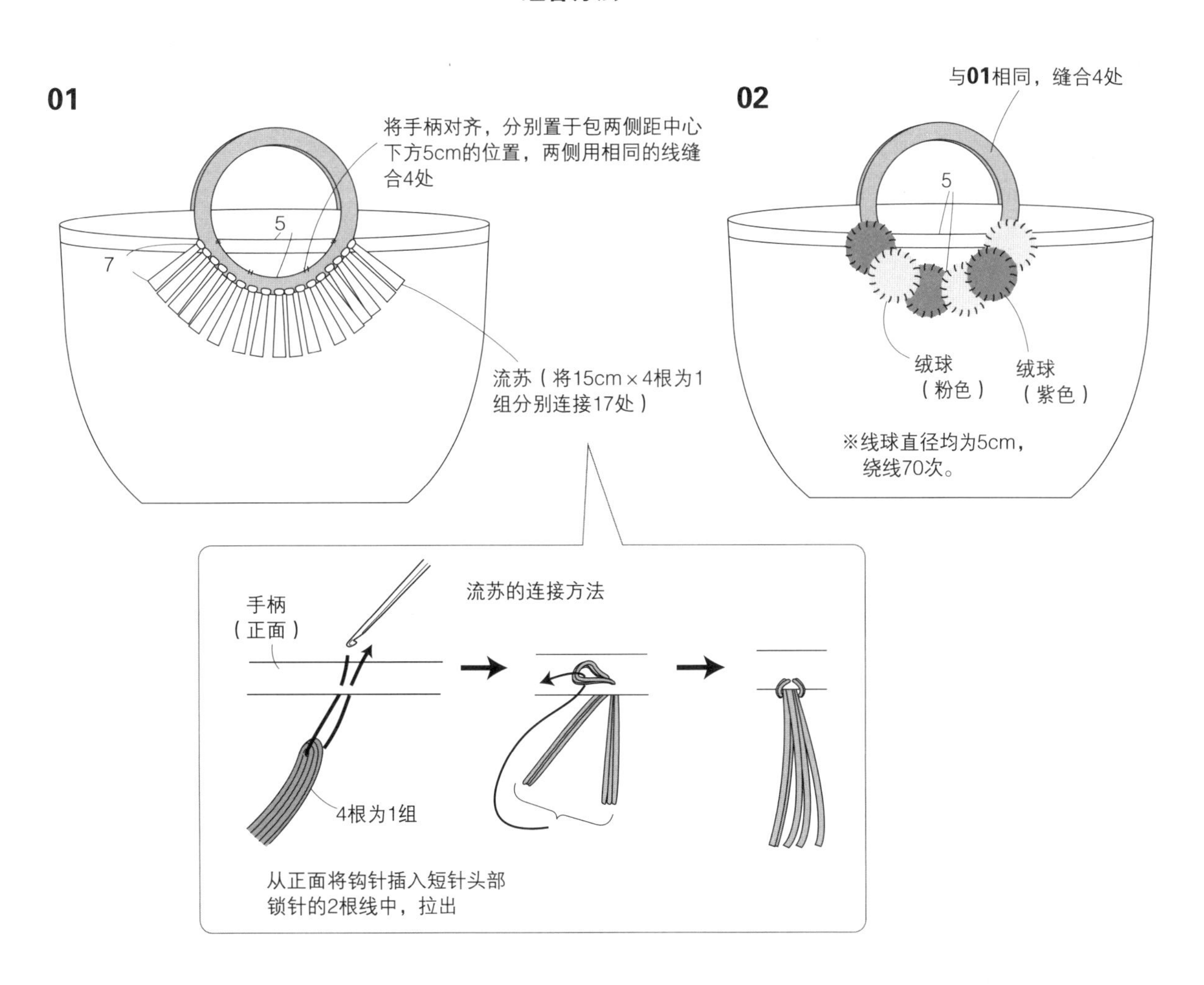

p.4 **03**

◆ 用线

DARUMA LILI

天蓝色（6）120g

◆ 其他材料

布（棉布）80cm×28cm

◆ 工具

钩针 8/0 号

◆ 密度（10cm×10cm 面积内）

编织花样 3 个网眼，6.5 行

短针的条纹针 14.5 针，15 行

◆ 完成尺寸

高 30.5cm，宽 24cm

◆ 钩织方法

1. 钩织锁针起针，做短针的条纹针、编织花样，环形编织底部和主体。
2. 继续钩织边缘编织。
3. 用锁针、短针钩织提手。
4. 制作内袋，放入包身中。

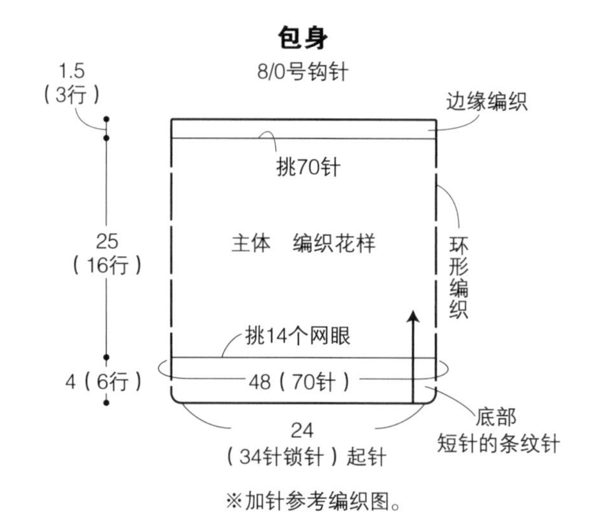

提手

短针

8/0号钩针

34（44针）挑针

1.5（2行）

42针锁针起针

9针　13针　9针

2针　2针

※另一侧也用相同方法挑针。

内袋的制作方法

内袋的完成尺寸：高36cm

宽26cm

①按尺寸裁布，边缘呈之字形车缝。

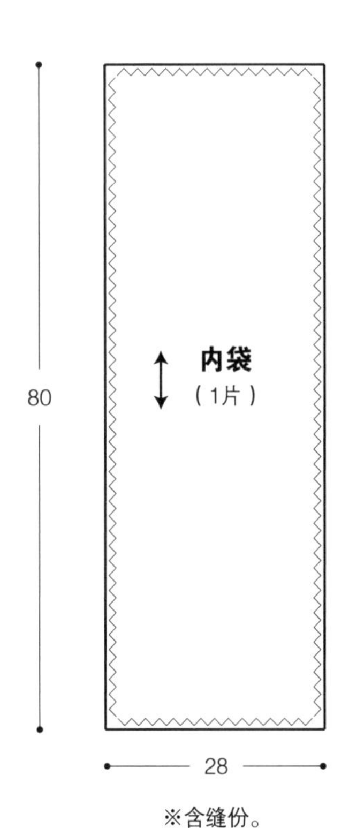

※含缝份。

②正面向内对折，缝合侧边线。

9　9

（反面）

车缝终点

1

车缝

对折

③用熨斗熨烫分开缝份，上侧分开的部分车缝。

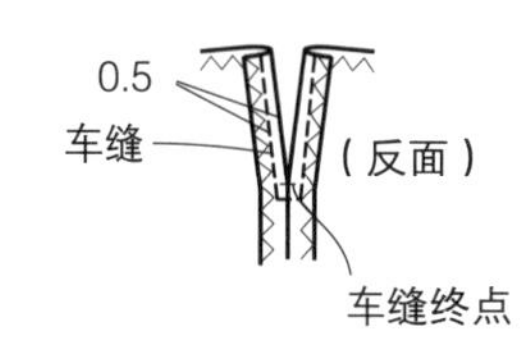

④翻至正面。将穿入口向内折叠，用车缝缝合。

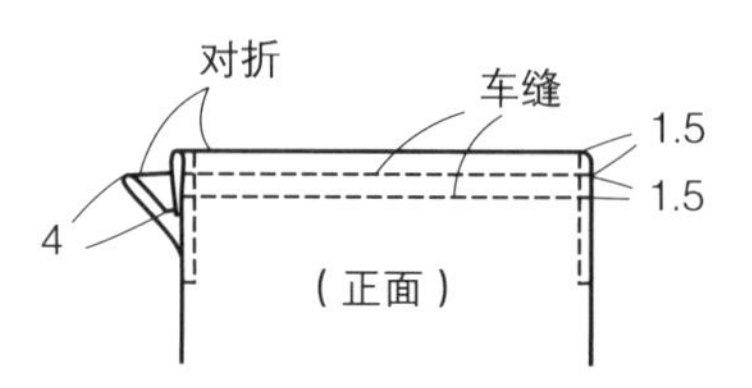

⑤将2根剪至60cm长的LILI从绳子穿入口穿过。

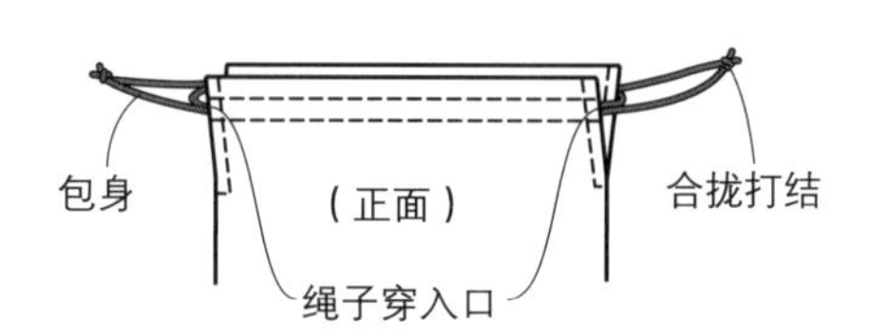

⑥放入包身中。

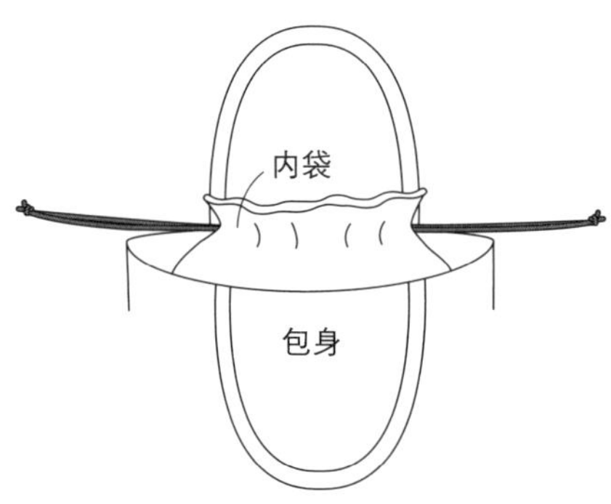

包身、提手的编织图

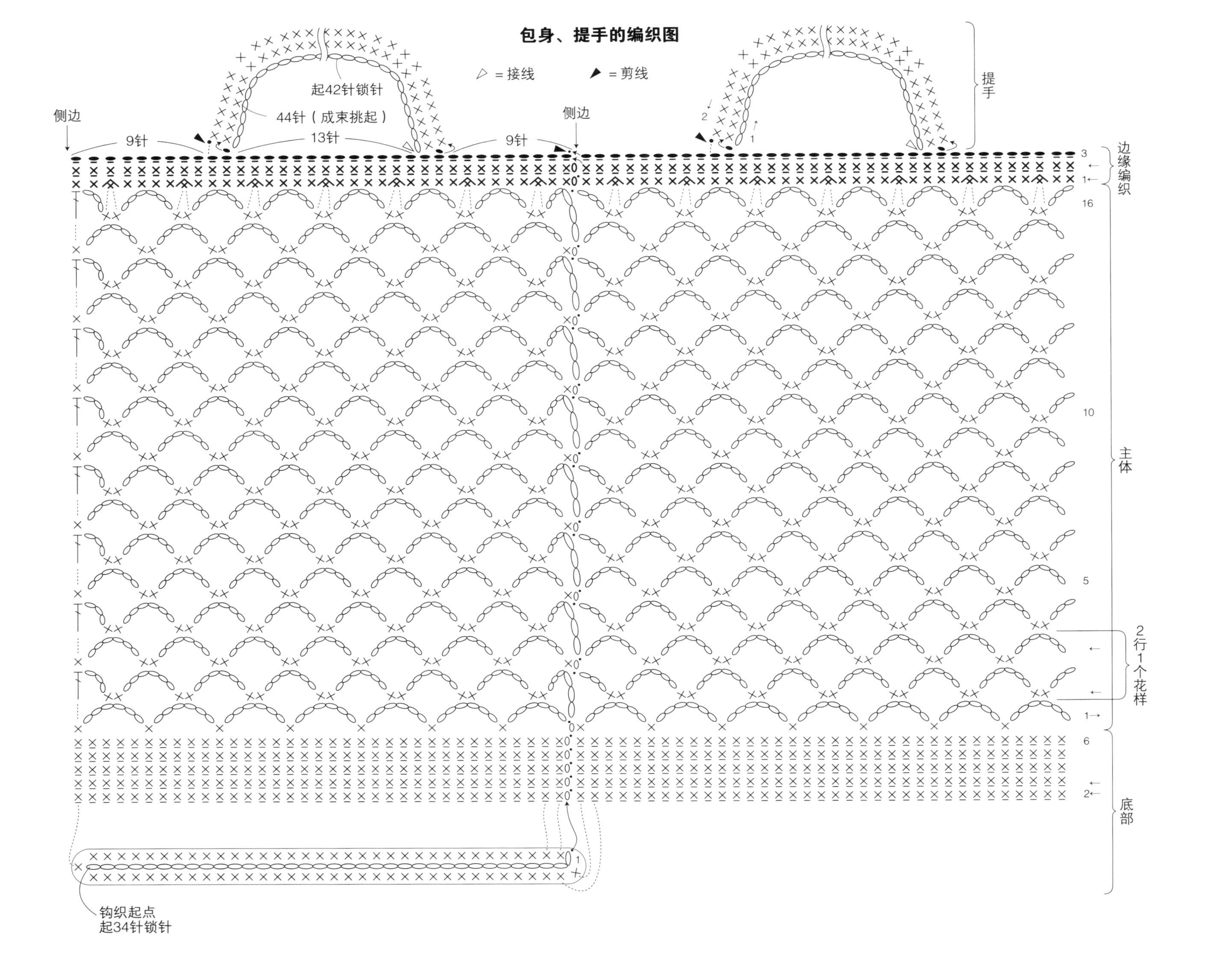

◁ = 接线
▲ = 剪线
起42针锁针
44针（成束挑起）
侧边
9针
13针
9针
侧边
提手
边缘编织
主体
2行1个花样
底部
钩织起点
起34针锁针

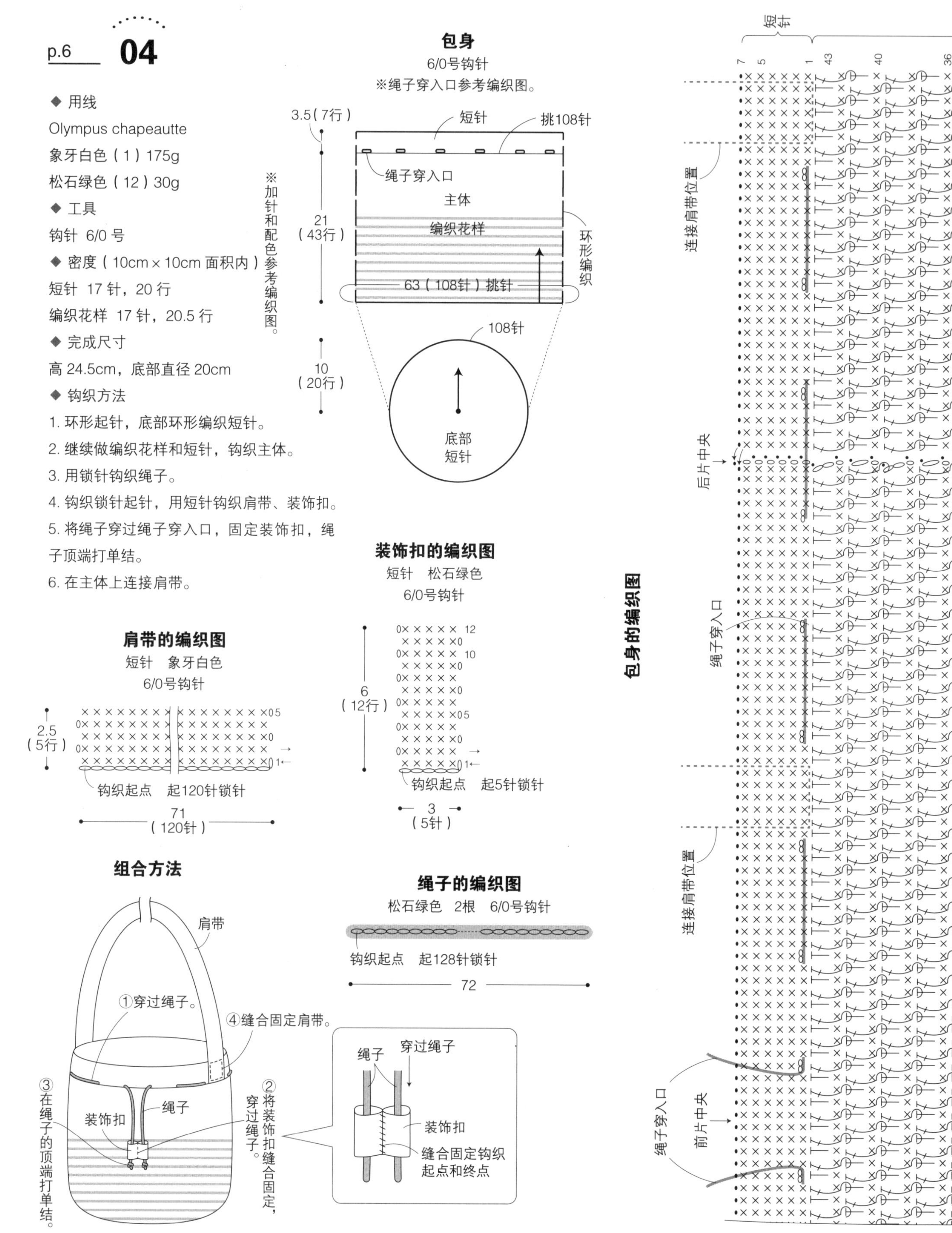
p.6
04
◆ 用线
Olympus chapeautte
象牙白色（1）175g
松石绿色（12）30g
◆ 工具
钩针 6/0 号
◆ 密度（10cm×10cm 面积内）
短针 17 针，20 行
编织花样 17 针，20.5 行
◆ 完成尺寸
高 24.5cm，底部直径 20cm
◆ 钩织方法
1. 环形起针，底部环形编织短针。
2. 继续做编织花样和短针，钩织主体。
3. 用锁针钩织绳子。
4. 钩织锁针起针，用短针钩织肩带、装饰扣。
5. 将绳子穿过绳子穿入口，固定装饰扣，绳子顶端打单结。
6. 在主体上连接肩带。
包身
6/0号钩针
※绳子穿入口参考编织图。
3.5（7行）
短针
挑108针
绳子穿入口
主体
编织花样
21（43行）
环形编织
63（108针）挑针
※加针和配色参考编织图。
108针
10（20行）
底部
短针
装饰扣的编织图
短针 松石绿色
6/0号钩针
6（12行）
钩织起点 起5针锁针
3（5针）
肩带的编织图
短针 象牙白色
6/0号钩针
2.5（5行）
钩织起点 起120针锁针
71（120针）
组合方法
肩带
①穿过绳子。
④缝合固定肩带。
③在绳子的顶端打单结。
装饰扣
绳子
②将装饰扣缝合固定，穿过绳子。
绳子
穿过绳子
装饰扣
缝合固定钩织起点和终点
绳子的编织图
松石绿色 2根 6/0号钩针
钩织起点 起128针锁针
72
包身的编织图
短针
连接肩带位置
后片中央
绳子穿入口
连接肩带位置
绳子穿入口
前片中央

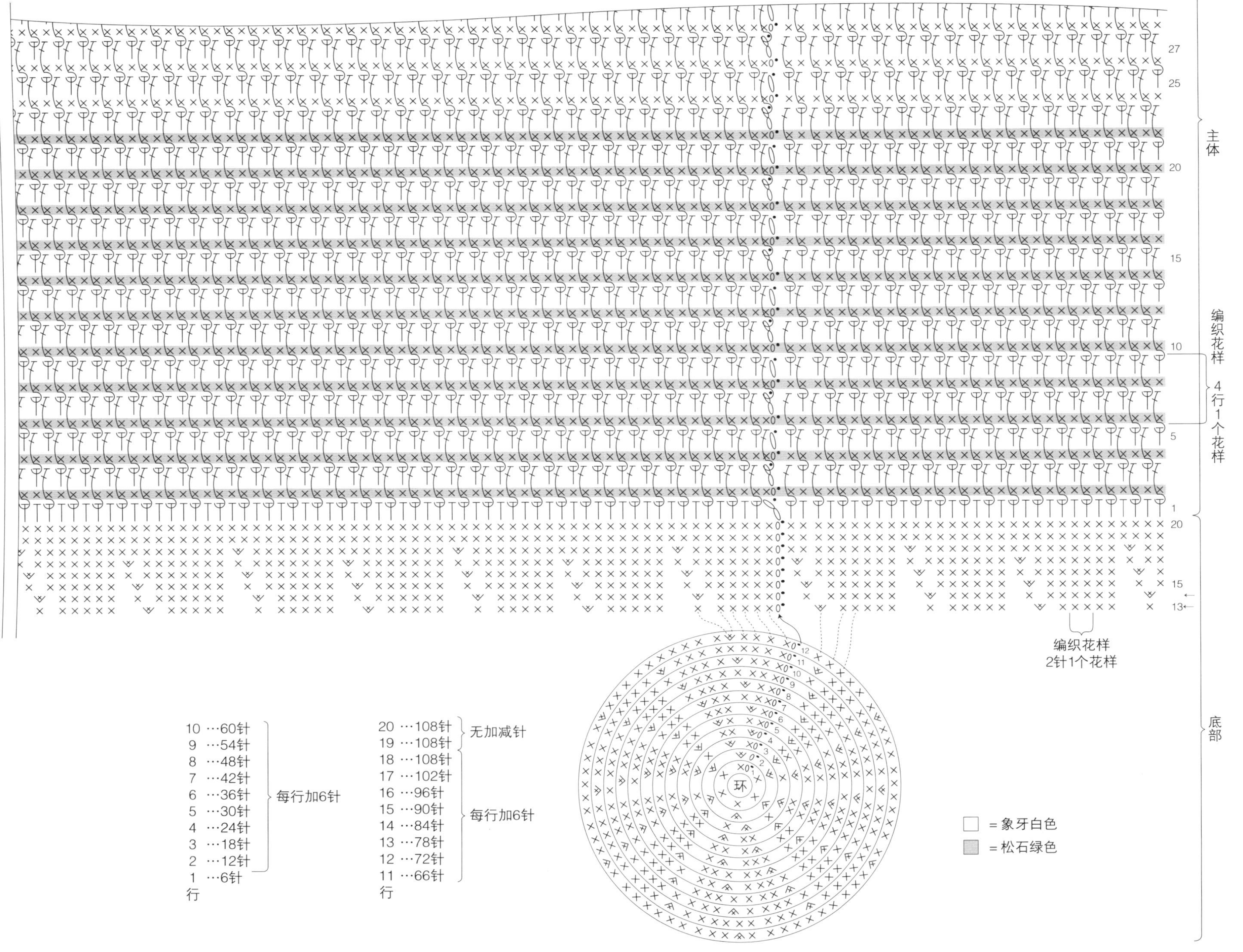
主体
编织花样
4行1个花样
底部
编织花样
2针1个花样
环
27
25
20
15
10
5
1
20
15
13
10 …60针
9 …54针
8 …48针
7 …42针
6 …36针
5 …30针
4 …24针
3 …18针
2 …12针
1 …6针
行
每行加6针
20 …108针
19 …108针
无加减针
18 …108针
17 …102针
16 …96针
15 …90针
14 …84针
13 …78针
12 …72针
11 …66针
行
每行加6针
= 象牙白色
= 松石绿色

p.10 **07**

◆ 用线

Hamanaka eco・ANDARIA

浅棕色（15）110g

◆ 其他材料

皮革包底 大

（Hamanaka　H204-616　直径 20cm　深褐色）1 片

竹节手柄 圆形（中）

（Hamanaka　H210-623-1　直径约 14cm　粗约 10mm）1 组

◆ 工具

钩针 7/0 号

◆ 密度（10cm × 10cm 面积内）

编织花样 6.5 个花样，15 行

◆ 完成尺寸

高 24cm，底部直径 20cm

◆ 钩织方法

1. 从皮革包底上挑针，主体的编织花样环形编织。
2. 从主体挑针，用编织花样钩织手柄连接片。
3. 在包身上连接手柄。

包身的编织图

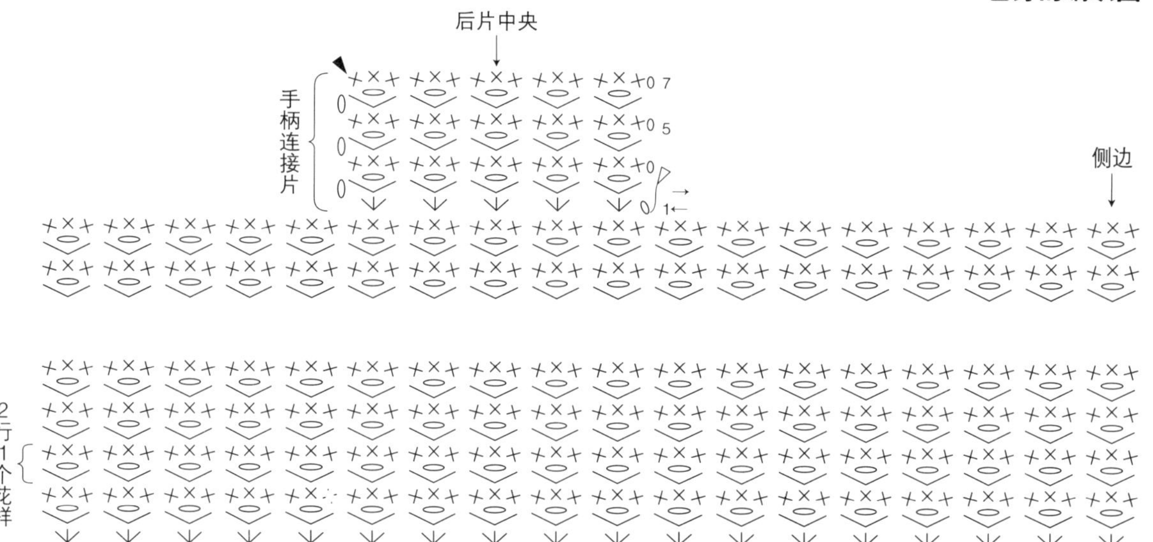

组合方法

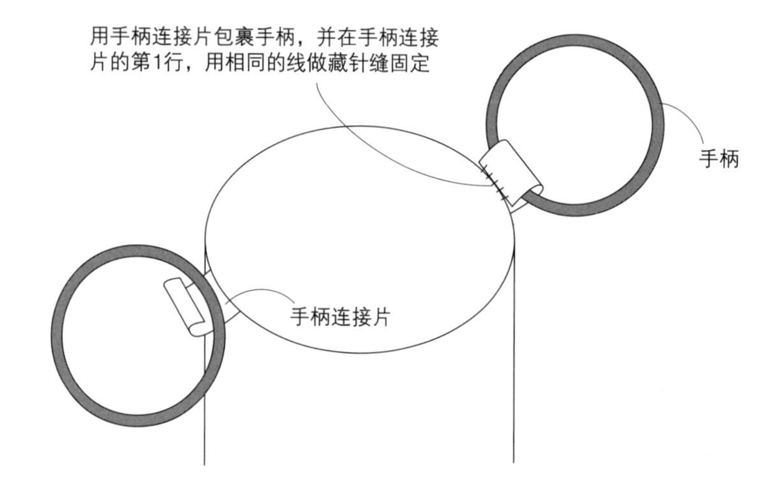

包身

编织花样 7/0号钩针

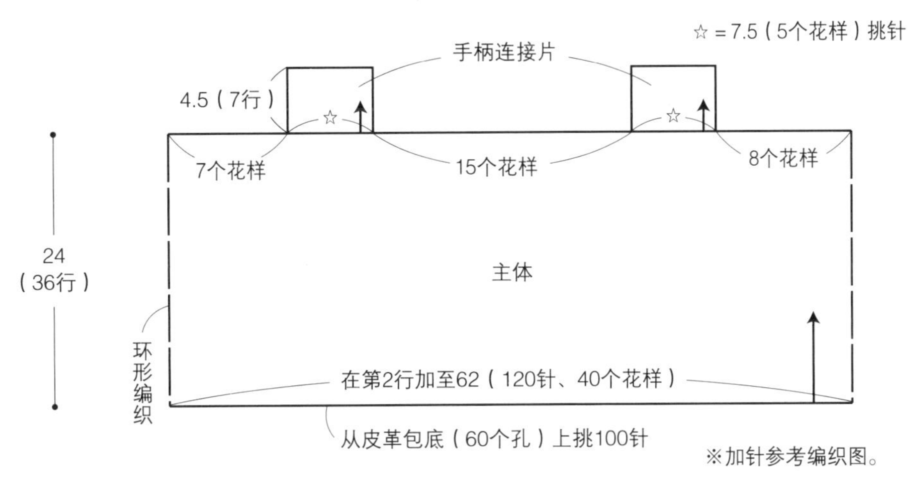

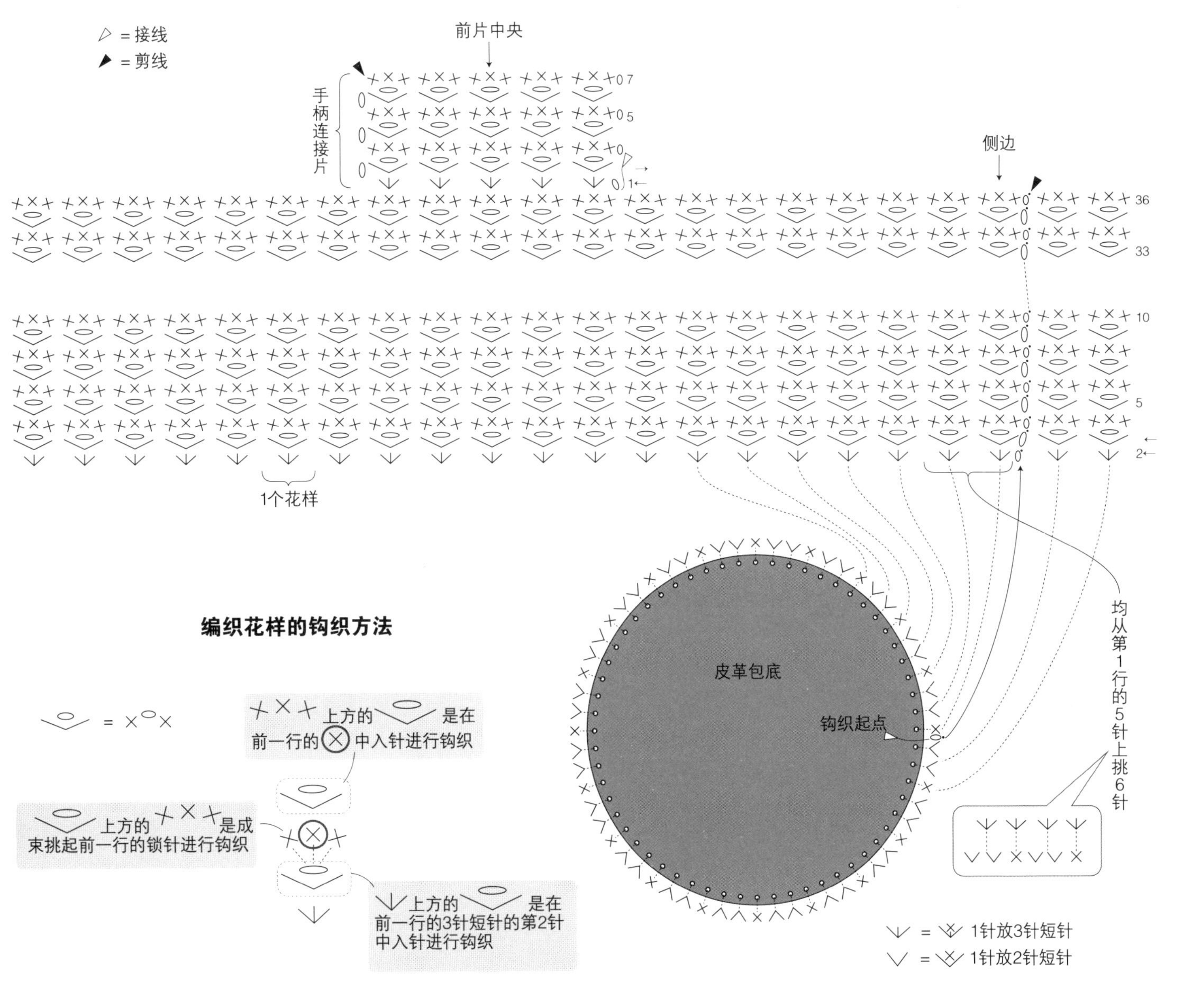

p.11 **08**

◆ 用线

Hamanaka eco・ANDARIA

棕色（159）115g

原白色（168）90g

◆ 其他材料

长方形皮革包底

（Hamanaka　H204-617-2　15cm×30cm　深褐色）1 组

◆ 工具

钩针 6/0 号

◆ 密度（10cm×10cm 面积内）

编织花样 20.5 针，13 行

◆ 完成尺寸

高 19cm，底部 15cm×30cm

◆ 钩织方法

1. 从皮革包底上挑针，主体的编织花样环形编织。
2. 继续钩织边缘编织。
3. 钩织锁针起针，用短针钩织提手。
4. 将提手缝合在篮子上。

篮子

6/0号钩针

※配色参考编织图。

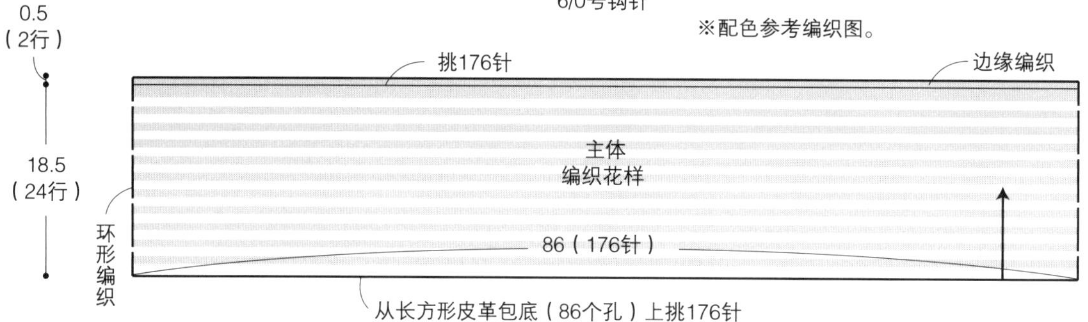

提手（2根）

短针　棕色

6/0号钩针

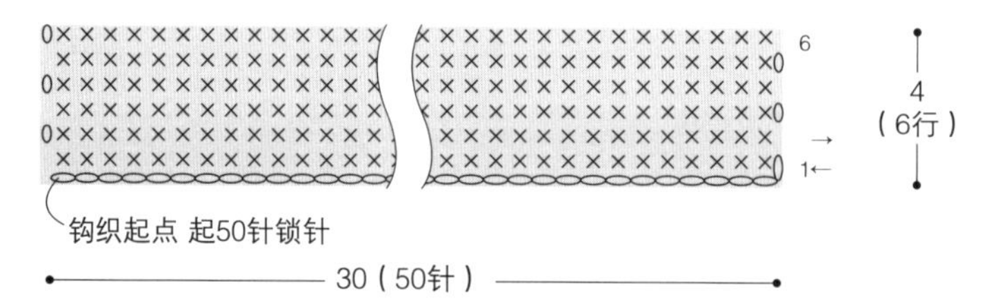

组合方法

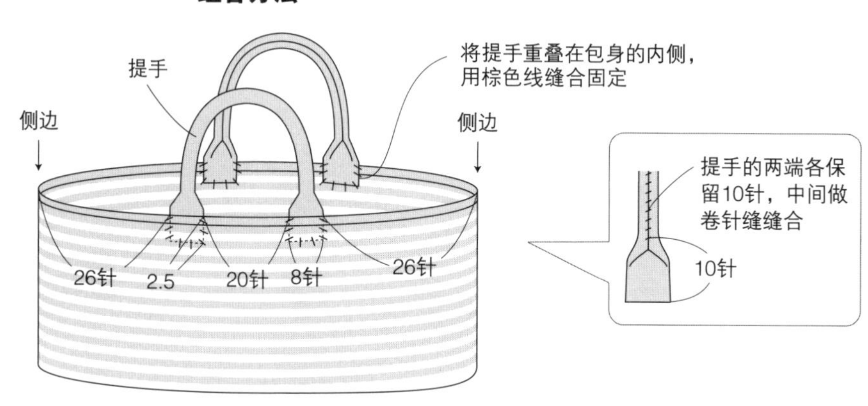

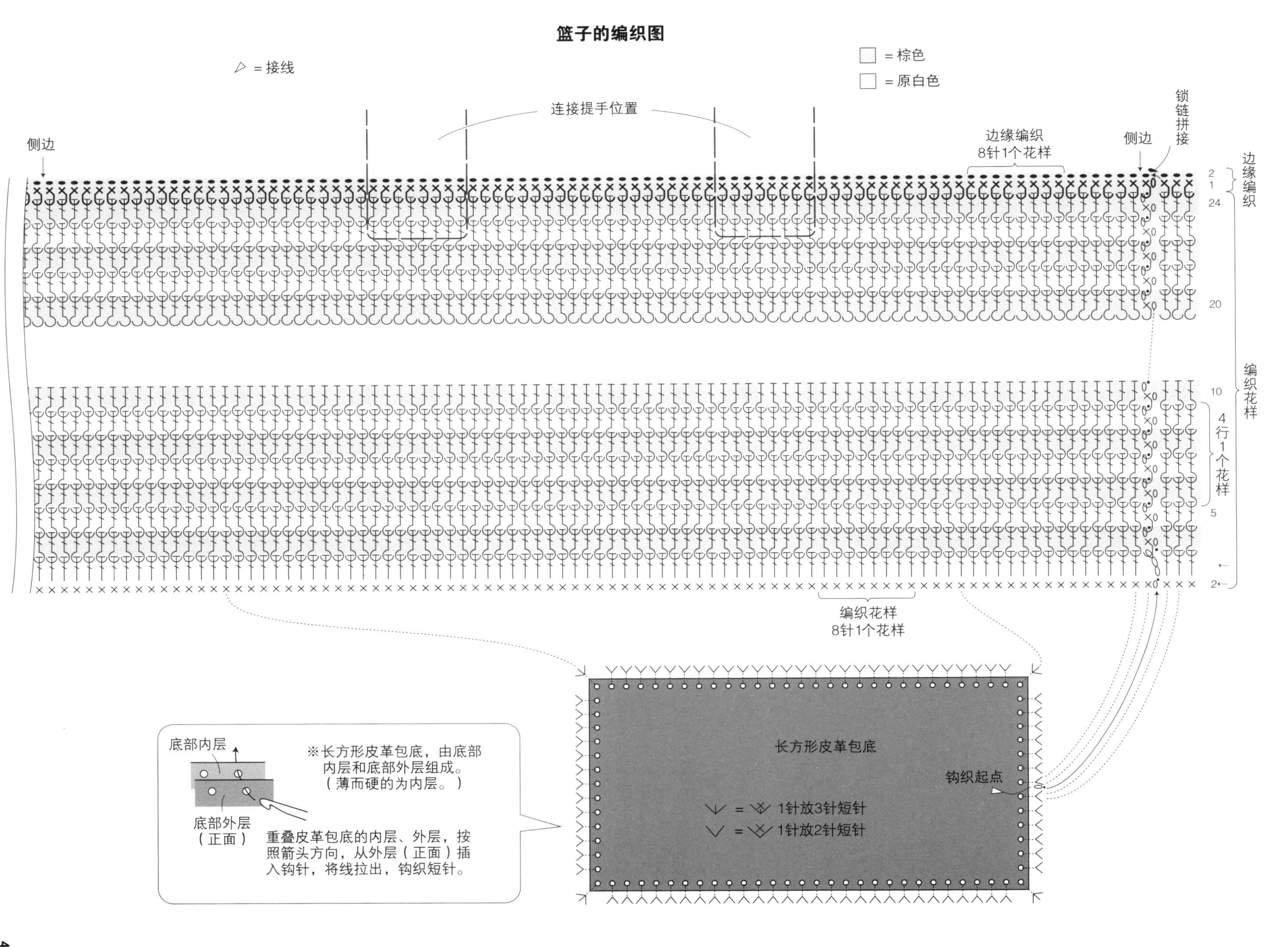

篮子的编织图
= 接线
= 棕色
= 原白色
连接提手位置
侧边
边缘编织
8针1个花样
侧边
锁链拼接
2
1
边缘编织
24
20
编织花样
10
4行1个花样
5
2
编织花样
8针1个花样
长方形皮革包底
钩织起点
= 1针放3针短针
= 1针放2针短针
底部内层
※长方形皮革包底，由底部内层和底部外层组成。（薄而硬的为内层。）
底部外层（正面）
重叠皮革包底的内层、外层，按照箭头方向，从外层（正面）插入钩针，将线拉出，钩织短针。

p.12 **09**

◆ 用线

Hamanaka eco・ANDARIA

米色（23）145g

◆ 工具

钩针 7/0 号

◆ 密度（10cm×10cm 面积内）

短针 20 针，20 行

◆ 完成尺寸

高 30.5cm，宽 31cm

◆ 钩织方法

1. 钩织锁针起针，用短针钩织侧边。
2. 环形起针，主体钩织编织花样。
3. 继续一边钩织边缘编织，一边拼接主体与侧边。
4. 钩织锁针起针，钩织提手，然后连接在包身上。

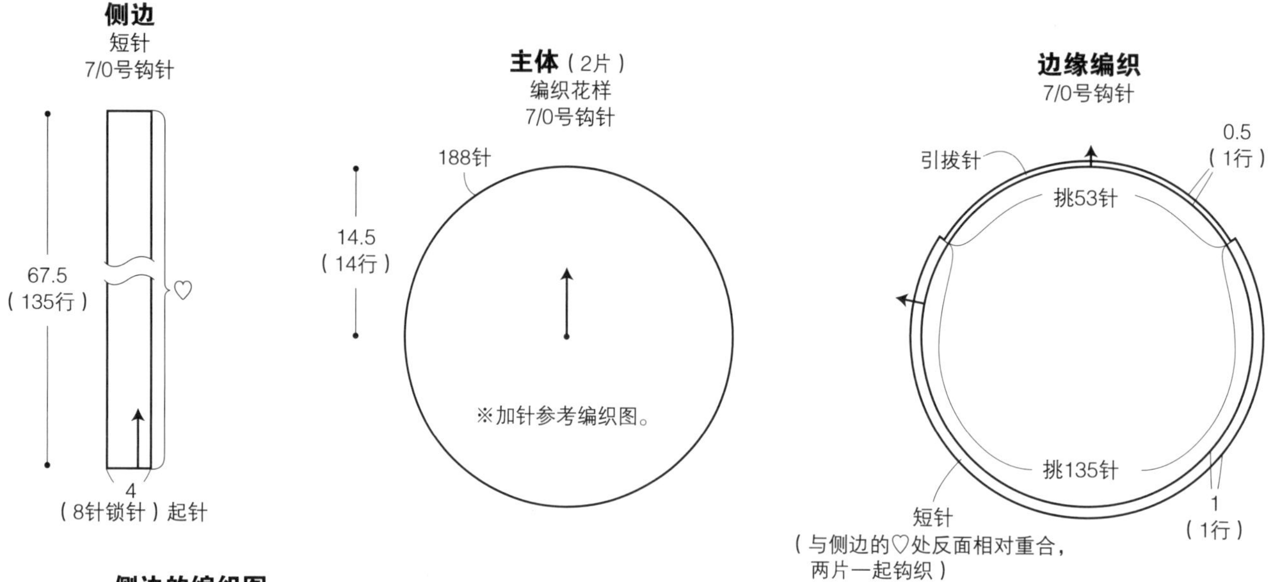

侧边的编织图

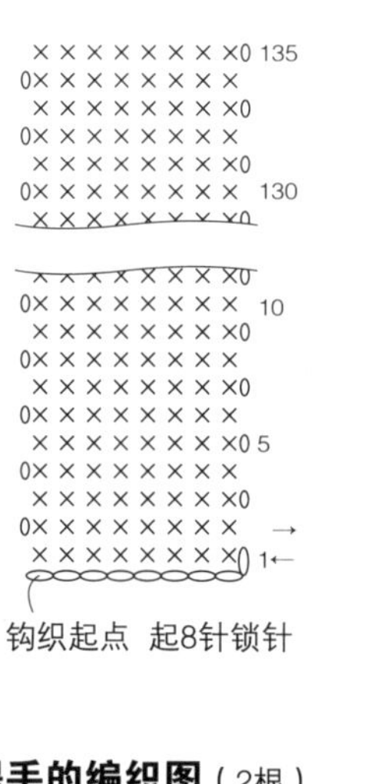

组合方法

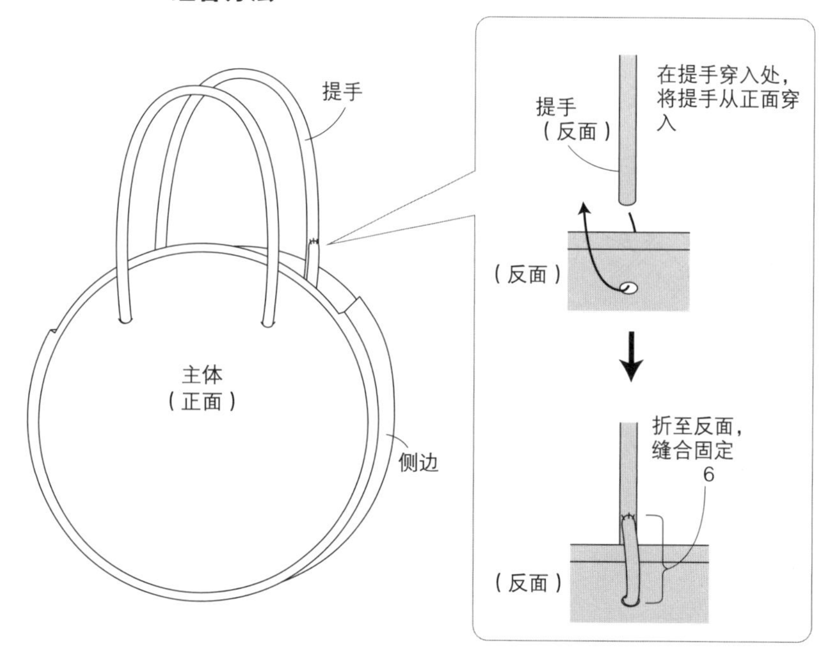

提手的编织图（2根）

短针、引拔针

7/0号钩针

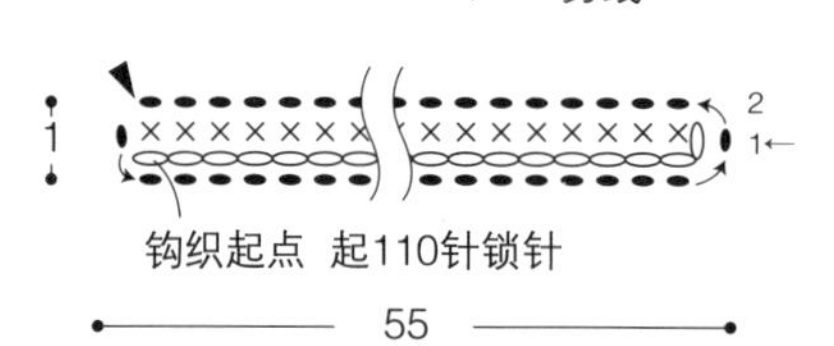

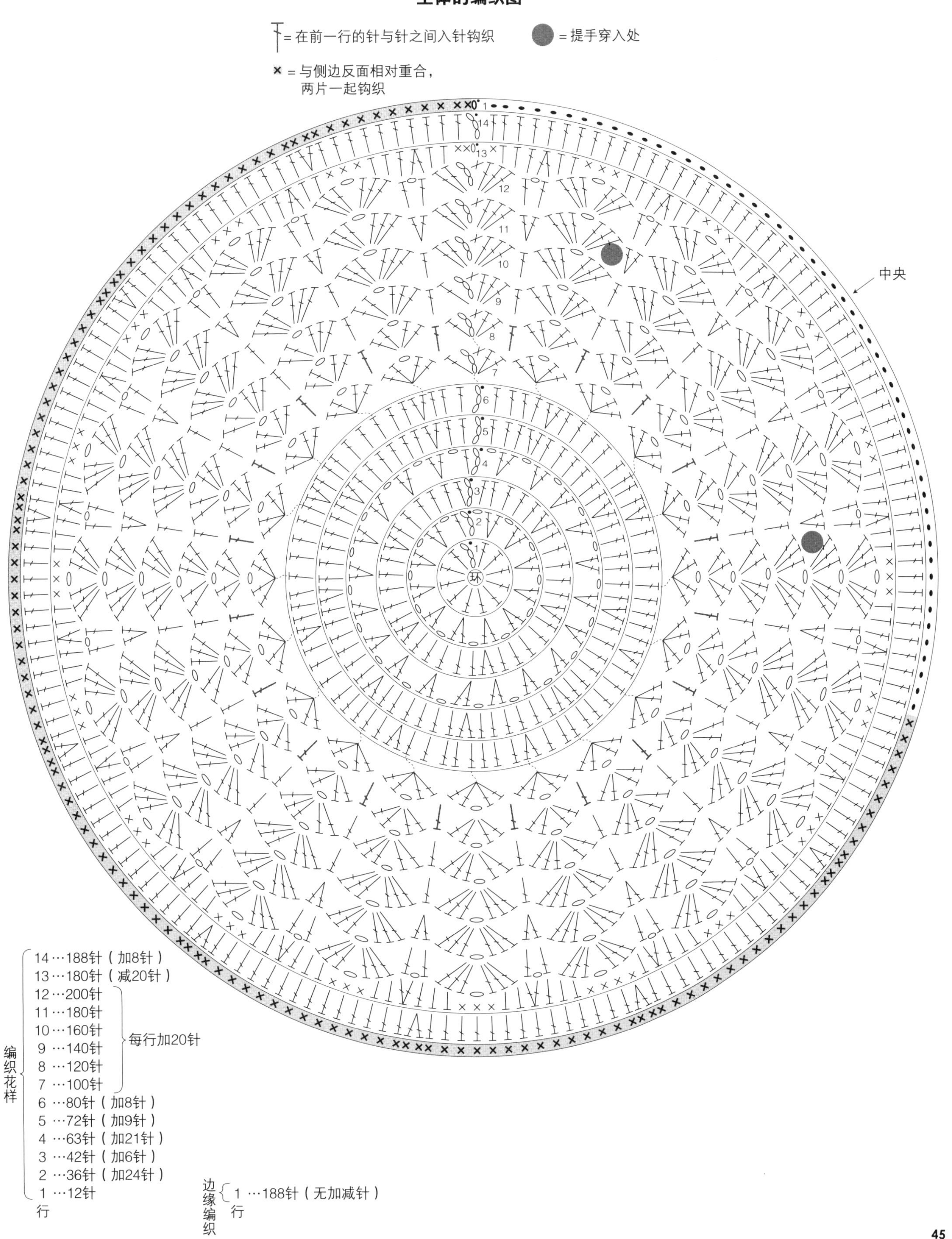

主体的编织图
= 在前一行的针与针之间入针钩织
= 提手穿入处
× = 与侧边反面相对重合，
两片一起钩织
中央
环
14…188针（加8针）
13…180针（减20针）
12…200针
11…180针
10…160针
9…140针
8…120针
7…100针
每行加20针
6…80针（加8针）
5…72针（加9针）
4…63针（加21针）
3…42针（加6针）
2…36针（加24针）
1…12针
行
编织花样
边缘编织
1…188针（无加减针）
行

p.14 **10**

◆ 用线

Hamanaka Wash Cotton

原白色（2）80g

褐色（38）20g

银色（20）15g

浅褐色（23）15g

深灰色（39）10g

◆ 其他材料

提手

（INAZUMA　BB-13　焦褐色 425 号）1 组

※2 根为 1 组使用。

◆ 工具

钩针 5/0 号

◆ 完成尺寸

见参考图

◆ 钩织方法

1. 环形起针，钩织指定片数的花片 A ~ D。
2. 将花片如图排列，用半针的卷针缝缝合。
3. 钩织边缘编织。
4. 钩织锁针起针，纽襻用短针钩织。
5. 将纽襻和提手连接在包身上。

花片A ~ D的编织图

5/0号钩针

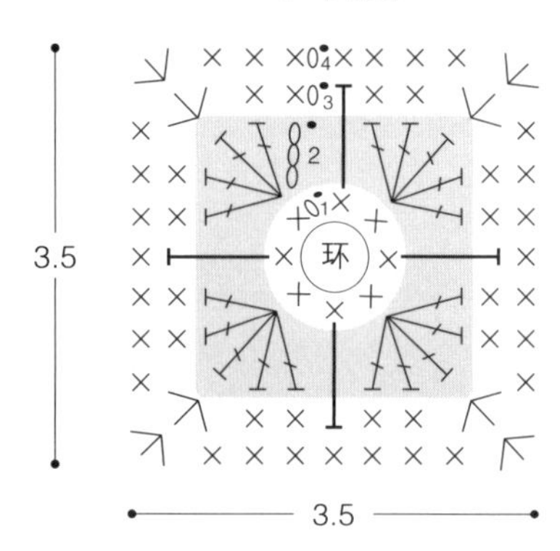

= 短针1针放3针

※第3行的 像包裹着前一行的针与针一样，在第1行中入针钩织。

花片的排列方法

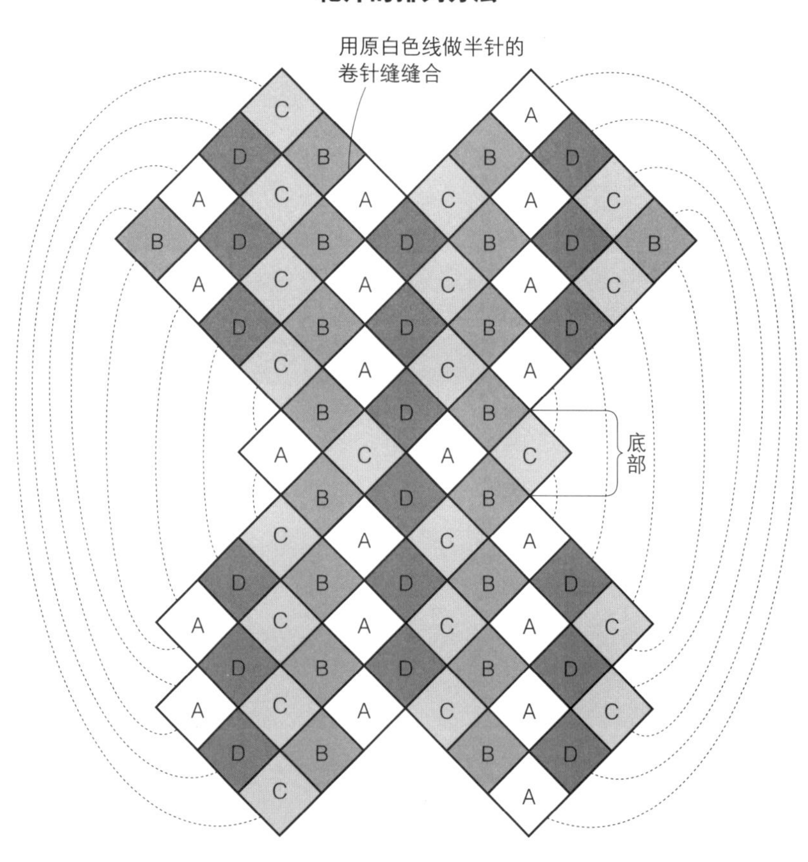

纽襻的编织图（2片）

短针　5/0号钩针

□ = 原白色　■ = 褐色

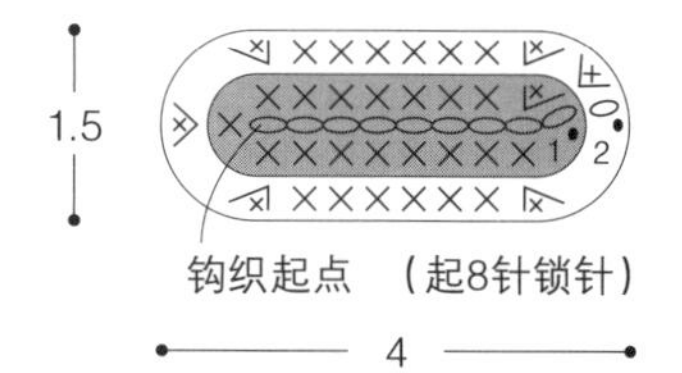

花片的配色

行数＼花片	A（20片）	B（18片）	C（20片）	D（18片）
第1行	原白色	原白色	原白色	原白色
第2行	银色	褐色	浅褐色	深灰色
第3行	原白色	原白色	原白色	原白色
第4行	原白色	原白色	原白色	原白色

边缘编织

5/0号钩针

※减针和配色参考图示。

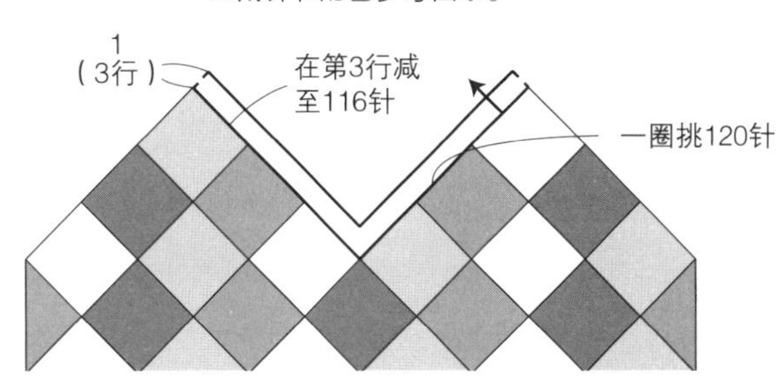

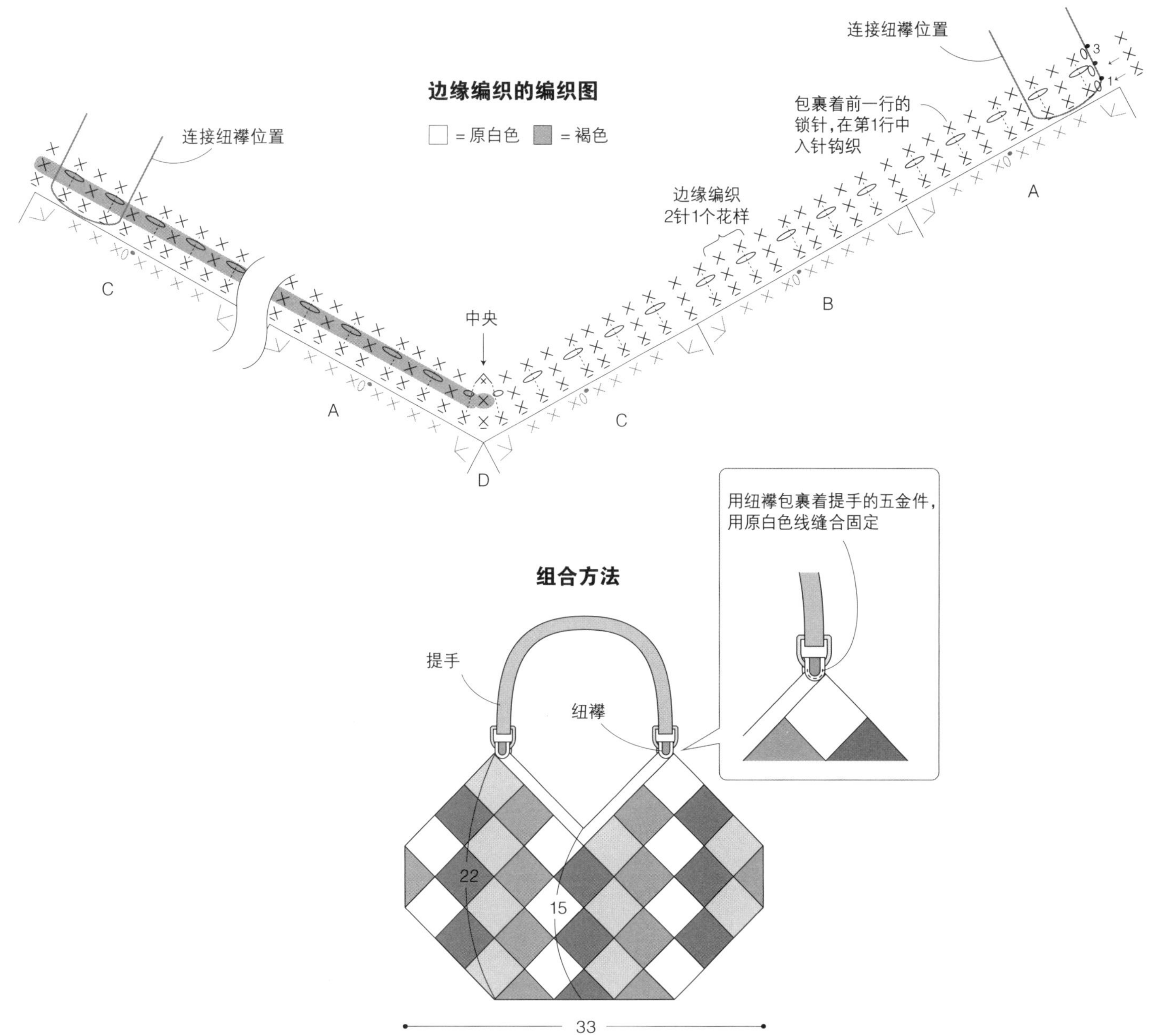

11

◆ 用线

DARUMA Linen Ramie Cotton

暗玫红色（5）145g

◆ 其他材料

Mayfair 包芯绳

（日本纽扣贸易　S5-5024　直径约 5mm　焦茶色）1m

◆ 工具

钩针 6/0 号

◆ 密度（10cm × 10cm 面积内）

短针 19 针，20 行

编织花样 19 针，21 行

◆ 完成尺寸

高 17.5cm，底部直径 18cm

◆ 钩织方法

1. 环形起针，底部的短针环形编织。
2. 继续用编织花样、短针钩织主体。
3. 将绳子穿过穿入口，在绳子顶端打单结。

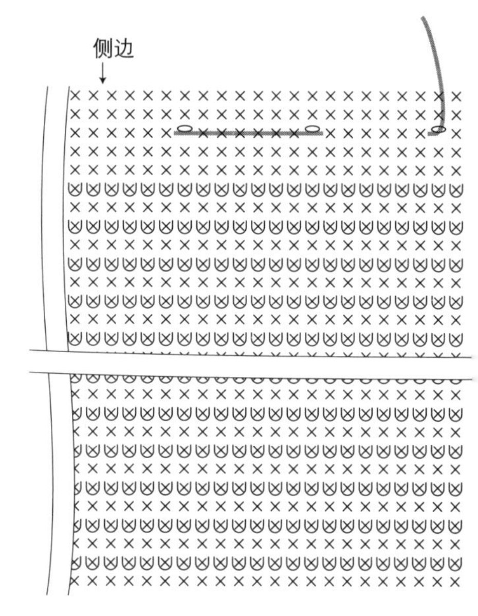

束口包

6/0号钩针

※加针参考编织图。

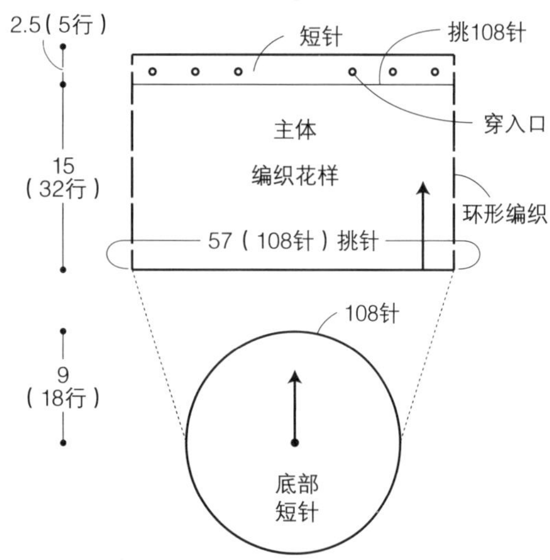

※穿入口参考编织图。

组合方法

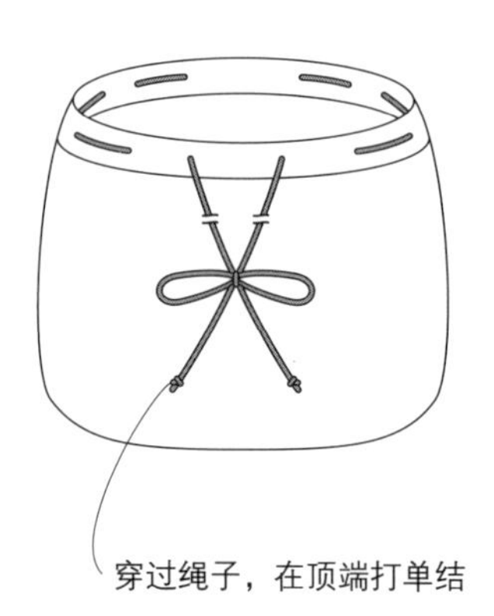

束口包的编织图

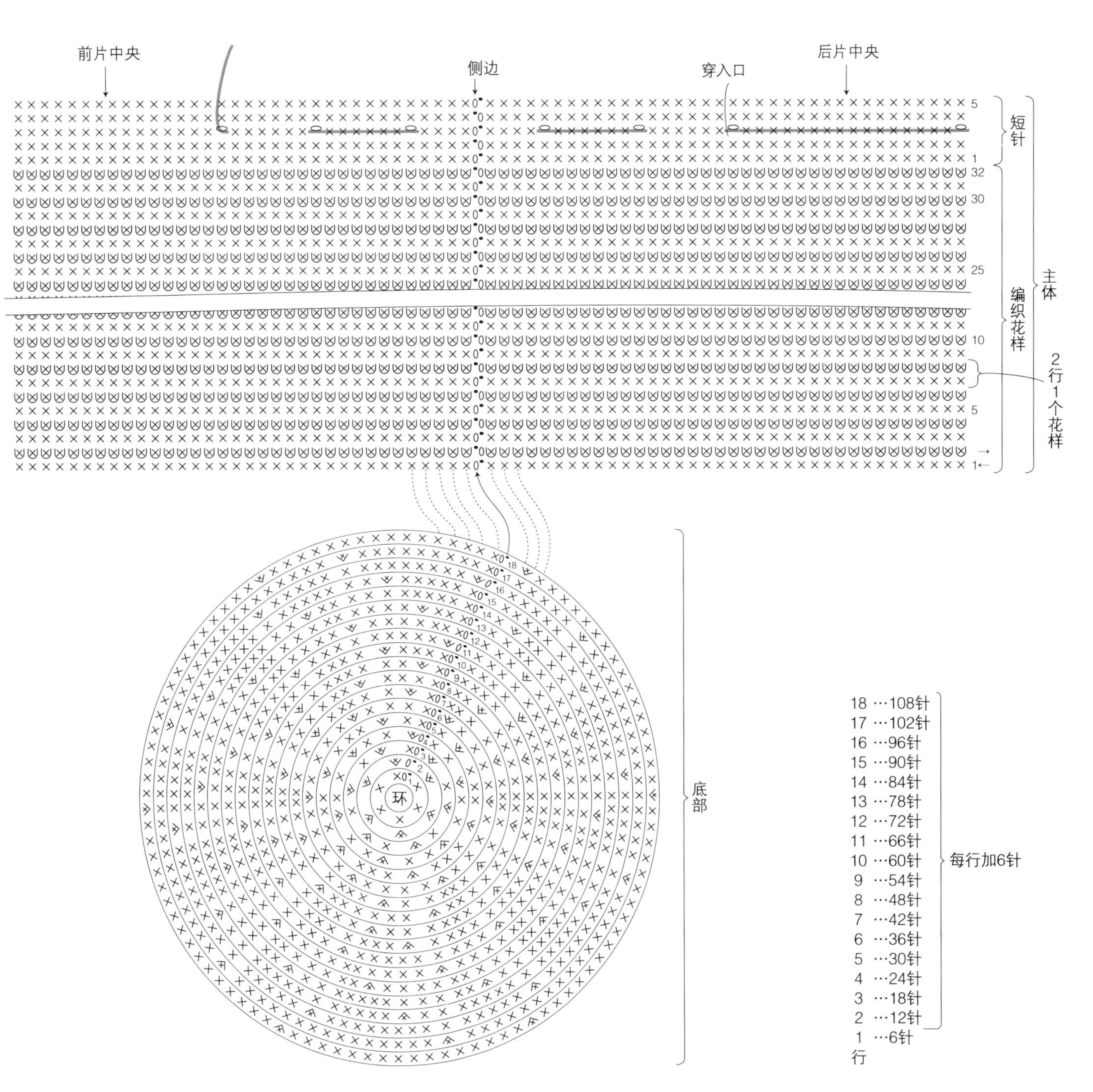

=穿绳位置
前片中央
侧边
穿入口
后片中央
短针
主体
编织花样
2行1个花样
底部
环
18 …108针
17 …102针
16 …96针
15 …90针
14 …84针
13 …78针
12 …72针
11 …66针
10 …60针
9 …54针
8 …48针
7 …42针
6 …36针
5 …30针
4 …24针
3 …18针
2 …12针
1 …6针
行
每行加6针

p.8

05、06

◆ 用线

DARUMA 蕾丝线 20 号

05 柠檬黄色（12）85g

06 嫩绿色（19）85g

◆ 工具

钩针 3/0 号

◆ 完成尺寸

见参考图

◆ 钩织方法

1. 环形起针，钩织花片 A。
2. 环形起针，钩织花片 B。
3. 将花片 A、B 用锁针与短针接合。
4. 将两个提手的★处做卷针缝缝合。
5. 从花片 B 上挑针，钩织边缘编织。

花片A的编织图

3/0号钩针

▷ = 接线　　◆ = 剪线

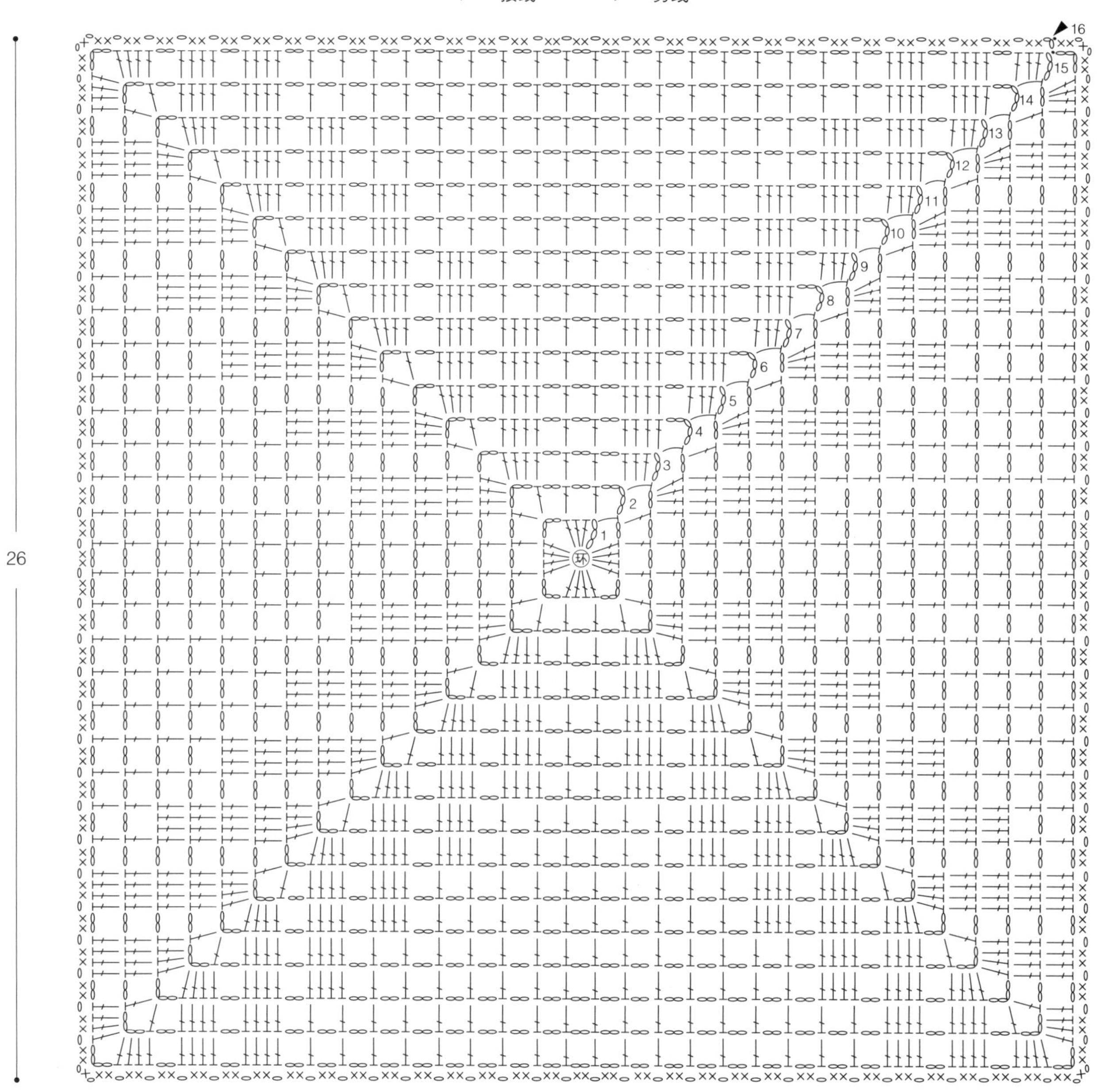

花片B的编织图（2片）

3/0号钩针

※第15行前均与花片A相同。

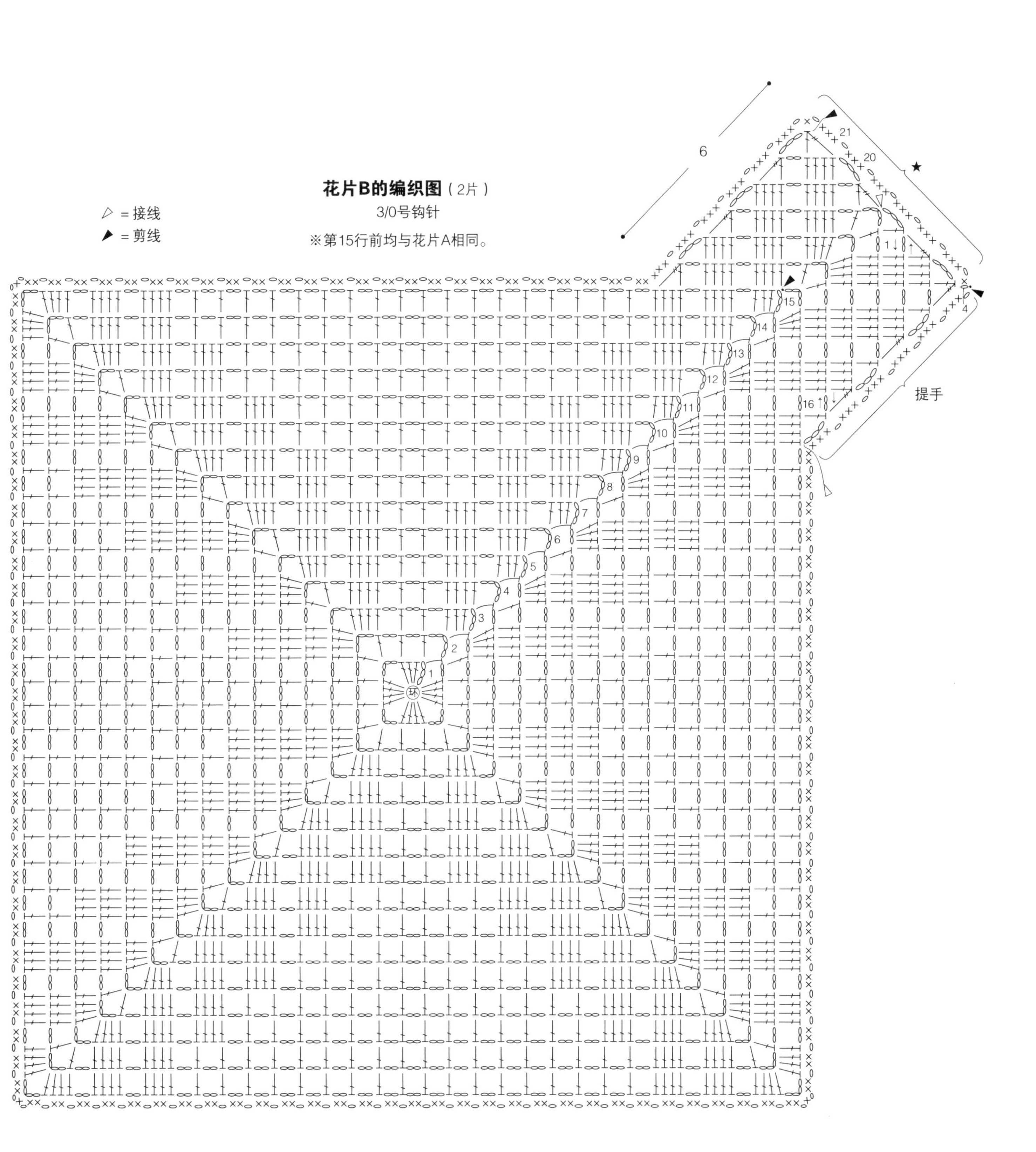

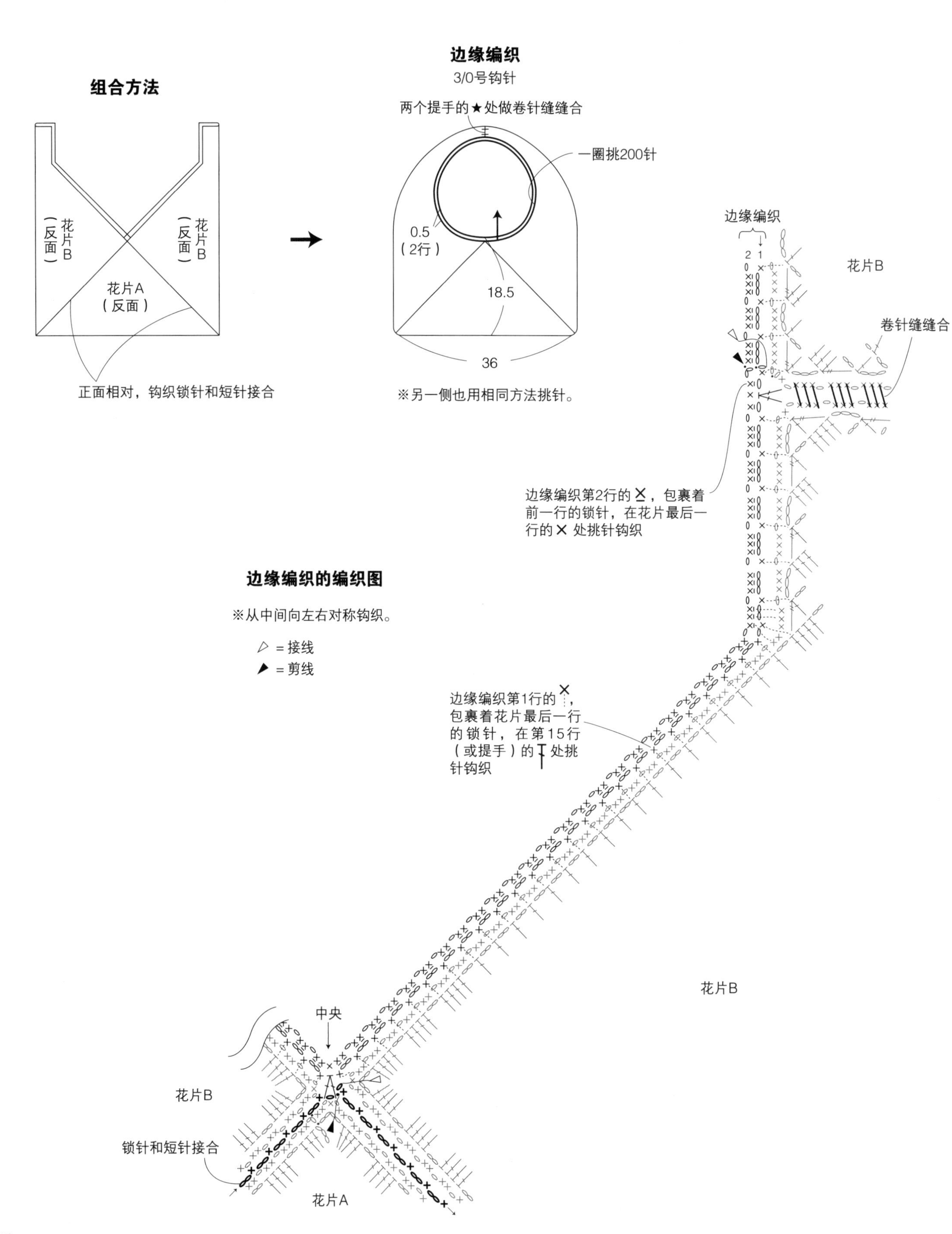
组合方法
花片B
(反面)
花片B
(反面)
花片A
(反面)
正面相对，钩织锁针和短针接合
边缘编织
3/0号钩针
两个提手的★处做卷针缝缝合
一圈挑200针
0.5
(2行)
18.5
36
※另一侧也用相同方法挑针。
边缘编织的编织图
※从中间向左右对称钩织。
= 接线
= 剪线
边缘编织
2 1
花片B
卷针缝缝合
边缘编织第2行的 ，包裹着前一行的锁针，在花片最后一行的 处挑针钩织
边缘编织第1行的 ，包裹着花片最后一行的锁针，在第15行（或提手）的 处挑针钩织
花片B
中央
花片B
锁针和短针接合
花片A

p.22、23 14、15

◆ 用线

Hamanaka Comacoma

14 米色（2）260g

15 褐色（19）260g

◆ 其他材料

人字纹织带（宽 30mm）170cm

14 黑色 **15** 原白色

专用底板（日本纽扣贸易　P2-14　厚 1mm　黑色）

28cm×6cm

布（棉布）9cm×31cm

◆ 工具

钩针 8/0 号

◆ 密度（10cm×10cm 面积内）

短针 14 针，13.5 行

◆ 完成尺寸

高 22.5cm，宽 36cm

◆ 钩织方法

1. 钩织锁针起针，底部钩织短针。
2. 继续，侧面的短针环形编织。
3. 将人字纹织带缝在托特包上。
4. 组装专用底板，放入包身中。

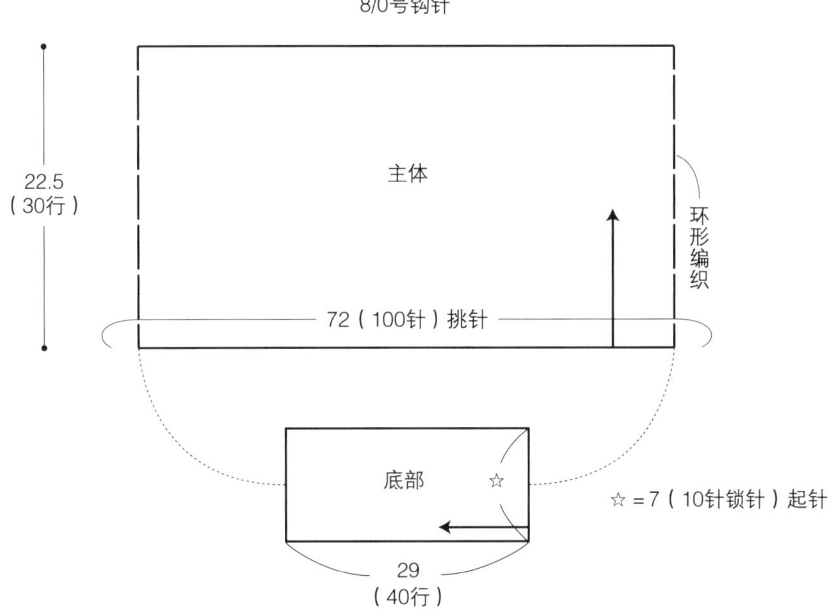

关于斜行

从正面看，环形编织短针时，立织的针目会向右上偏，这叫作斜行。编织者的手劲不同，偏斜的程度也不同。将提手等连接在包包主体上时，在钩织结束后，需要用蒸汽熨斗调整形状。确定侧边和中间的位置后再连接提手，形状会更漂亮。

底部的编织图

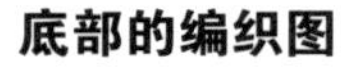

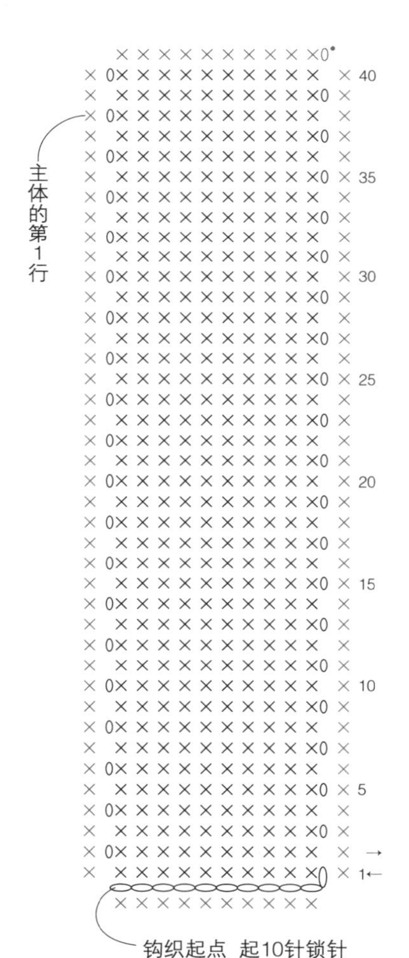

主体的编织图

钩织主体后，用熨斗熨烫整理形状。（参考p.53“关于斜行”）

30
25
20
15
10
5
1

从底部开始继续钩织

人字纹织带的连接方法

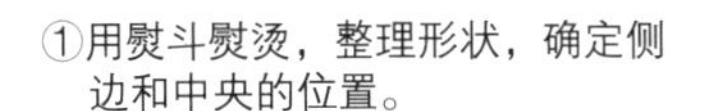
①用熨斗熨烫，整理形状，确定侧边和中央的位置。

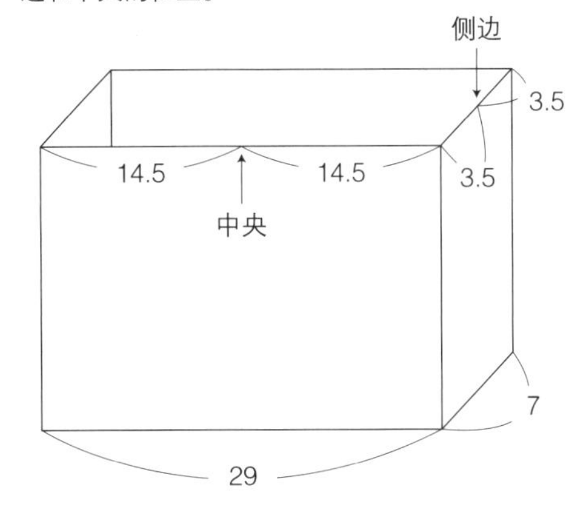

②连接人字纹织带。

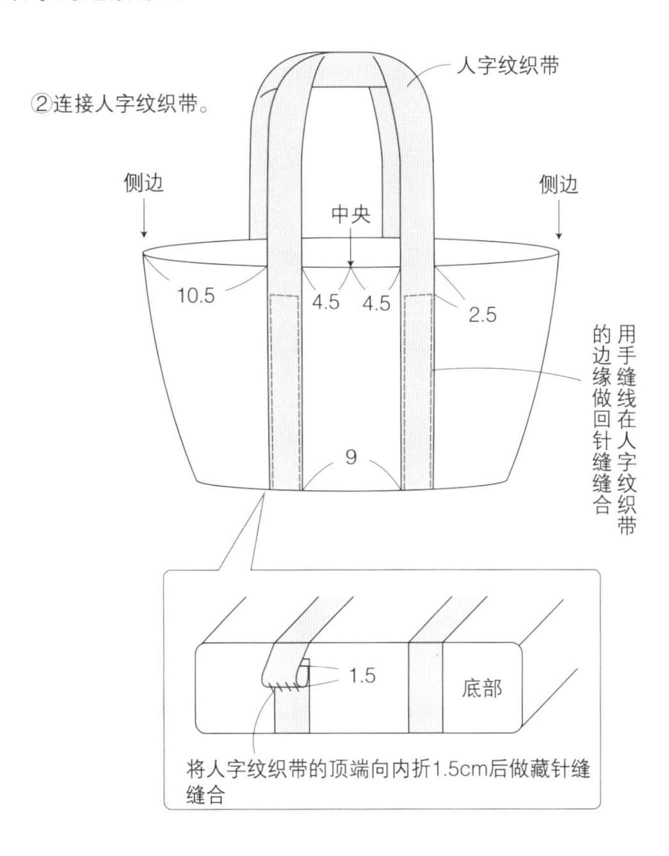

专用底板的组合方法

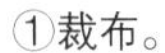
①裁布。

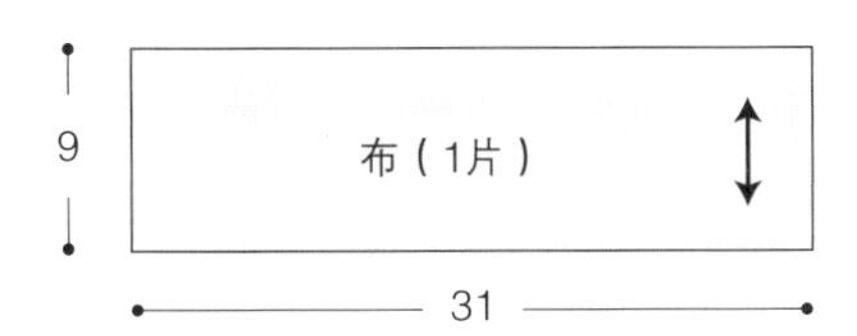

②剪裁专用底板。

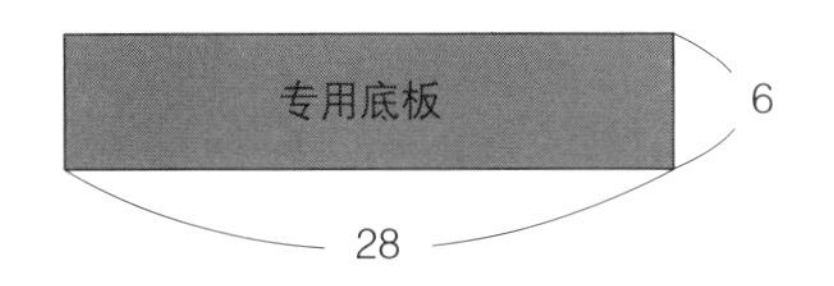

③将专用底板放在布上，用双面胶粘贴。

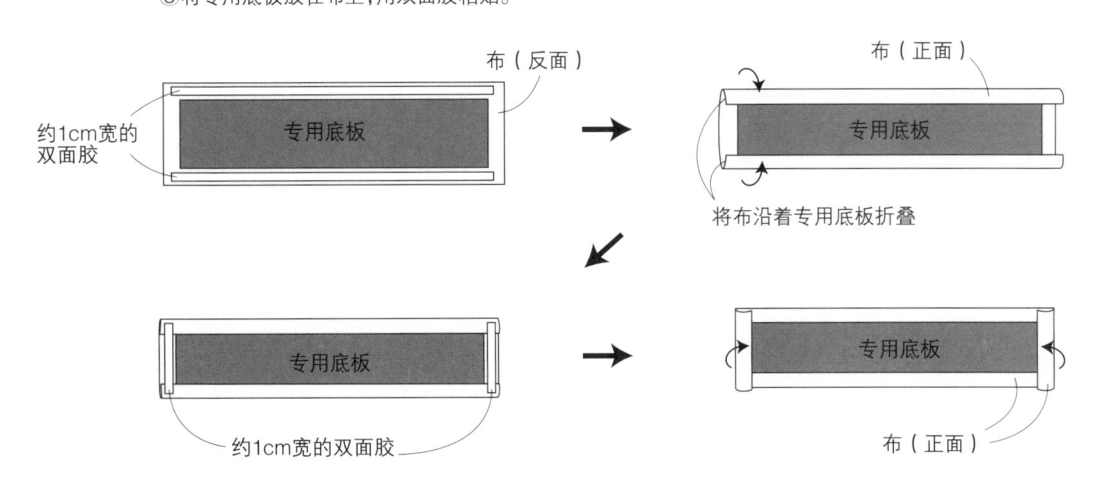

p.18 12

◆ 用线

Olympus chapeautte

蓝色（11）160g

象牙白色（1）15g

◆ 工具

钩针 7/0 号

◆ 密度（10cm×10cm 面积内）

短针 16.5 针，22 行

◆ 完成尺寸

高 38cm，宽 27cm

◆ 钩织方法

1. 钩织锁针起针，主体的短针环形编织。
2. 从主体上挑针，用短针钩织袋口。
3. 钩织锁针起针，饰边钩织编织花样。
4. 将饰边连接在手拿包上。

手拿包

短针

7/0号钩针

※提手、袋口的配色和挑针参考编织图。

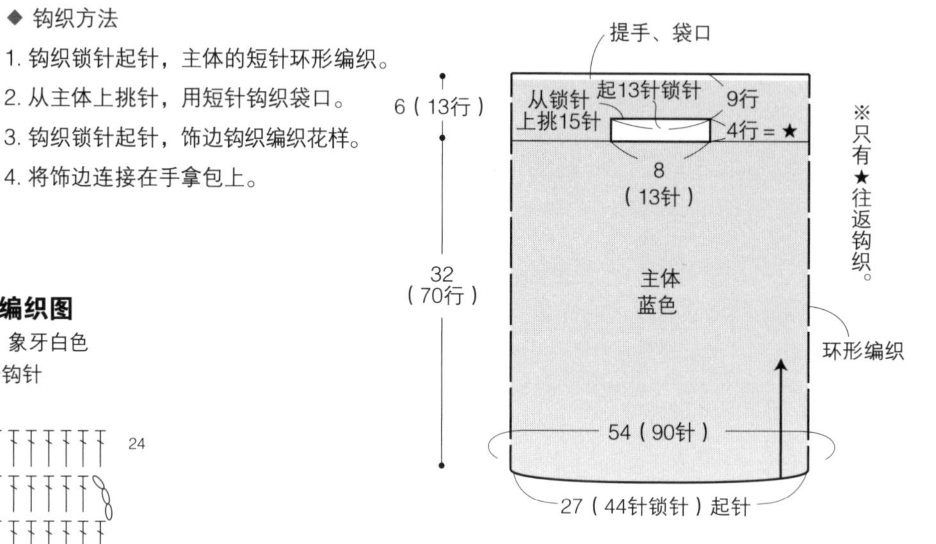

※加针参考编织图。

饰边的编织图

编织花样　象牙白色

7/0号钩针

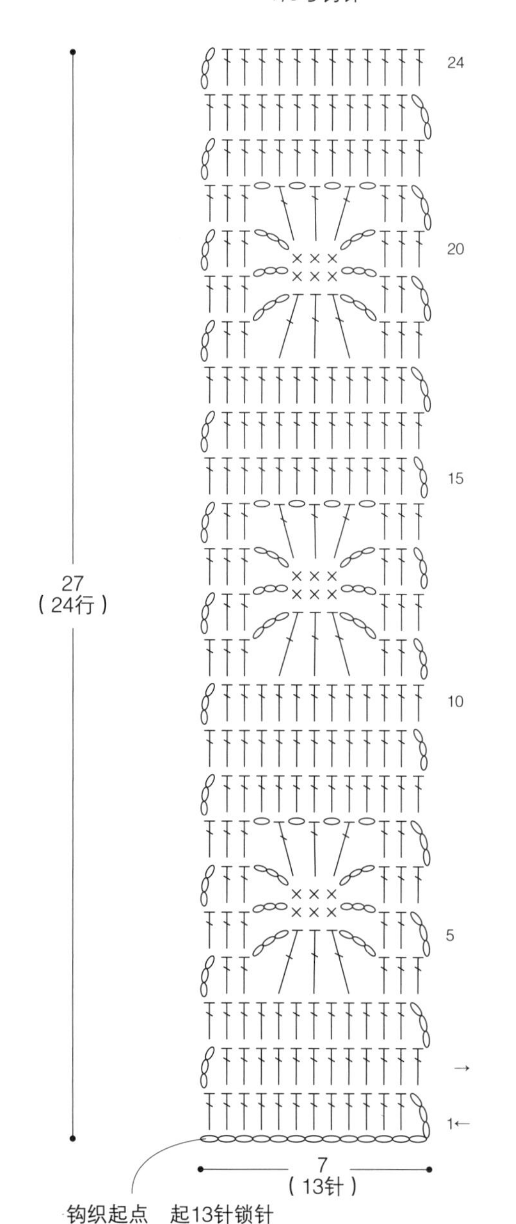

组合方法

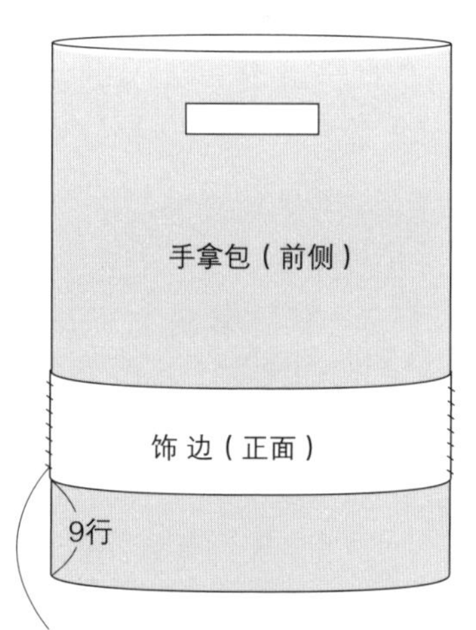

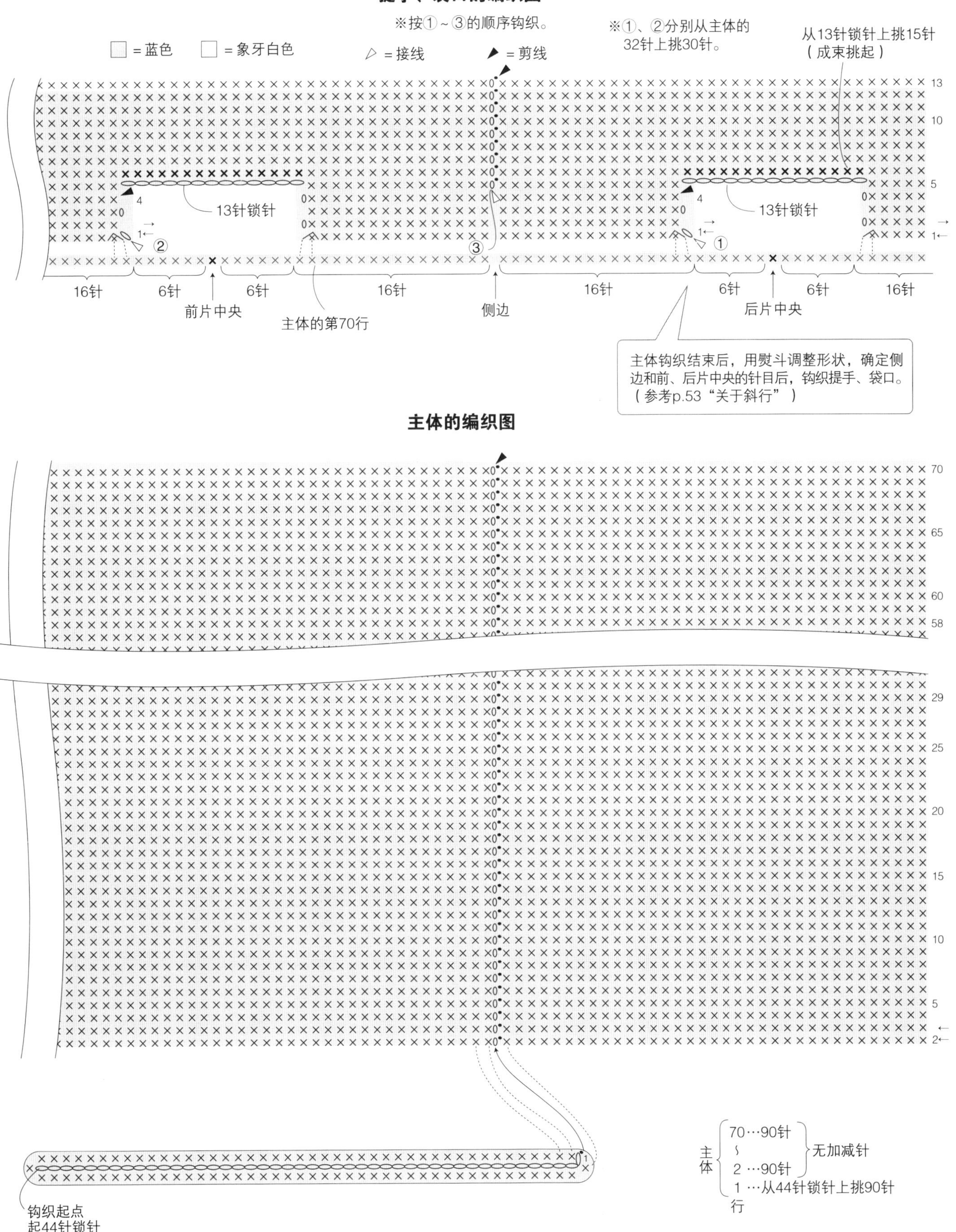
提手、袋口的编织图
※按①～③的顺序钩织。
※①、②分别从主体的32针上挑30针。
从13针锁针上挑15针（成束挑起）
=蓝色
=象牙白色
=接线
=剪线
13针锁针
13针锁针
16针
6针
6针
16针
16针
6针
6针
16针
前片中央
主体的第70行
侧边
后片中央
主体钩织结束后，用熨斗调整形状，确定侧边和前、后片中央的针目后，钩织提手、袋口。（参考p.53“关于斜行”）
主体的编织图
钩织起点
起44针锁针
主体
70…90针
2…90针
无加减针
1…从44针锁针上挑90针
行

p.24

16

◆ 用线

Olympus Emmy Grande HOUSE

卡其色（H22）35g

粉色（H10）25g

褐色（H18）15g

黄绿色（H7）10g

原白色（H2）5g

深粉色（H16）5g

◆ 其他材料

皮革提手

（INAZUMA　BM-4031　40cm　25 号焦茶色）2 根

◆ 工具

钩针 4/0 号、2/0 号

◆ 密度（10cm×10cm 面积内）

配色花样 A、B 均为 30 针，25 行

◆ 完成尺寸

高 22cm，宽 19cm

◆ 钩织方法

1. 钩织锁针起针，包身钩织配色花样 A、B（用反面渡线的方法）。
2. 将侧边缝合，将底部引拔接合。
3. 从包身上挑针，环形编织边缘编织。
4. 将提手连接在包身上。

包身（2片）

配色花样A、B

4/0号钩针

※配色参考编织图。

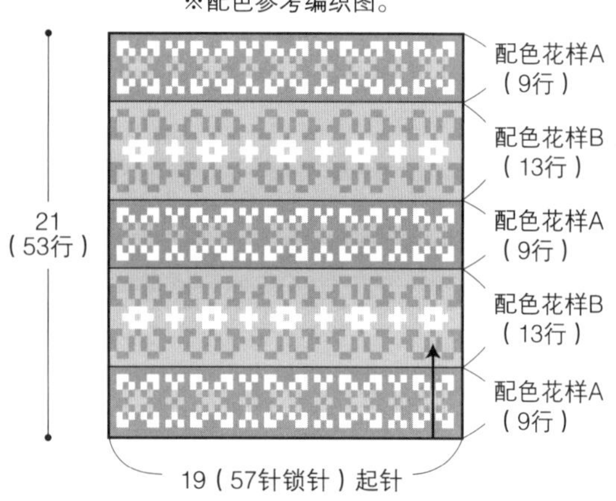

边缘编织

卡其色　2/0号钩针

一圈挑

114针

1

（2行）

缝合

引拔接合

边缘编织的编织图

▷ = 接线　　▶ = 剪线

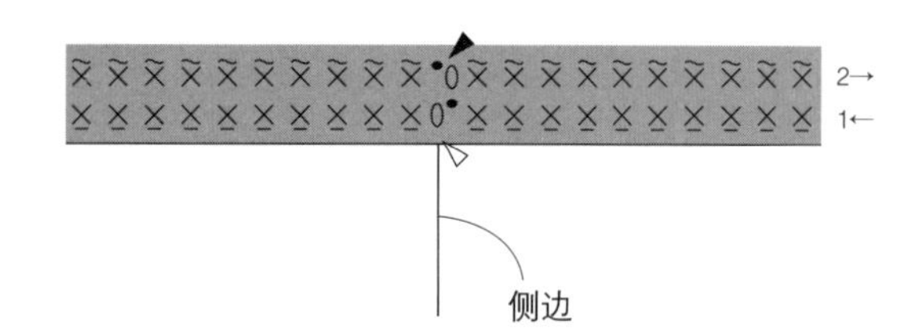

组合方法

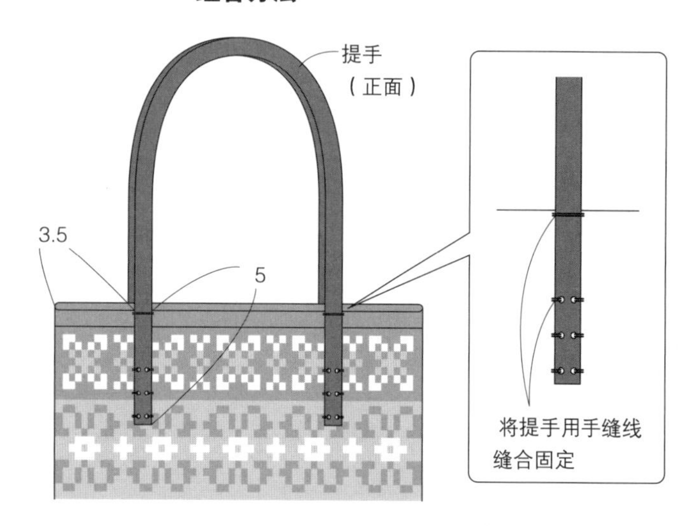

包身的编织图

奇数行的$\underline{\times}$ = 挑起前一行头部的外侧1根线钩织
偶数行的$\underline{\times}$ = 挑起前一行头部的内侧1根线钩织
（从正面看的时候，每一行都呈现条纹花样）

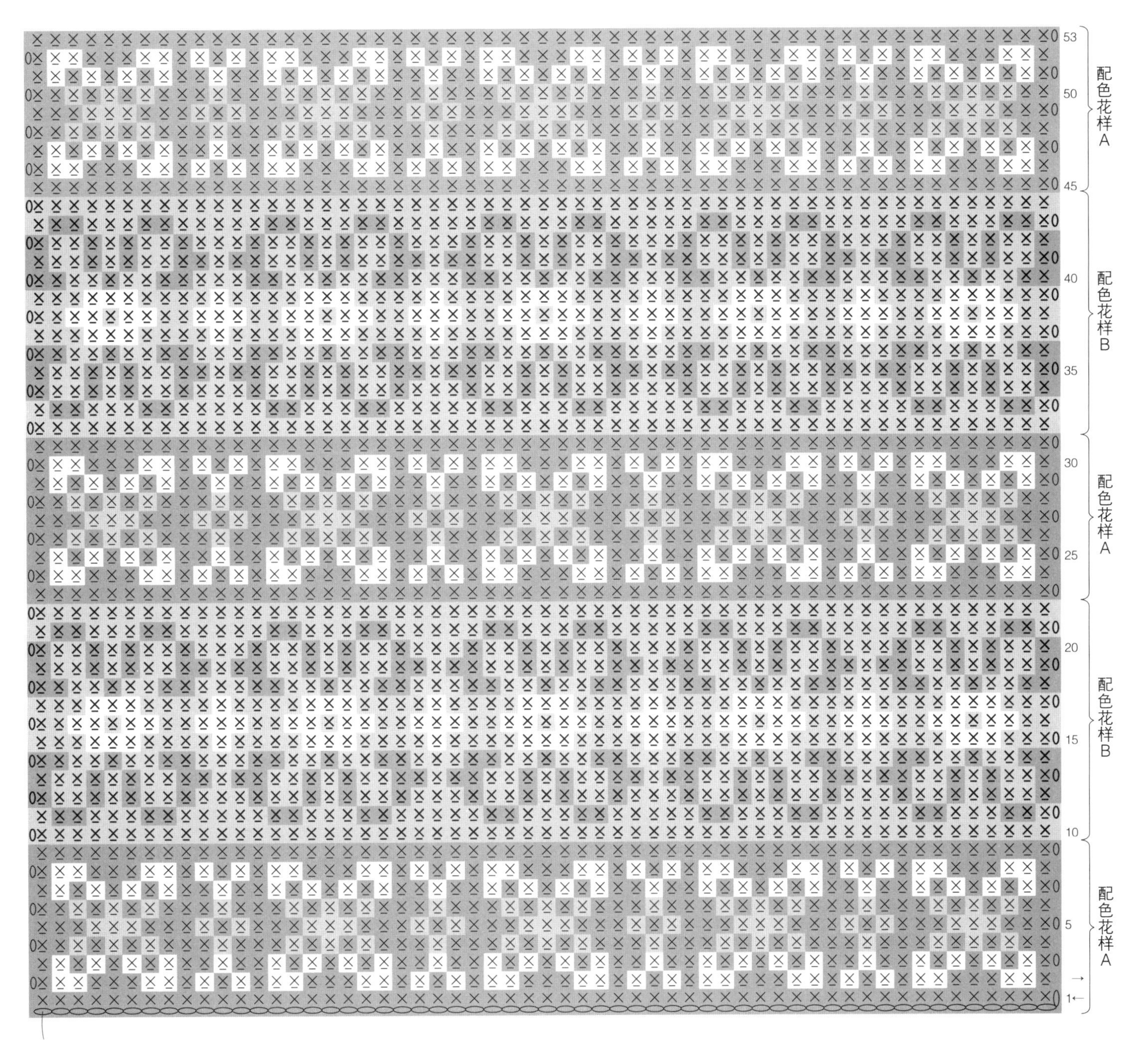

钩织起点　起57针锁针

配色花样 A 的配色
- ×（卡其色底）= 卡其色
- ×（白底）= 黄绿色
- ×（浅色底）= 深粉色

配色花样 B 的配色
- ×（浅色底）= 粉色
- ×（深色底）= 褐色
- ×（白底）= 原白色

p.25 **17**

◆ 用线

Olympus Emmy Grande（HOUSE）

粉色（H10）125g

◆ 工具

钩针 4/0 号

◆ 密度

配色花样 B　1 个花样 8cm，12 行为 10cm

◆ 完成尺寸

高 23.5cm，宽 32cm

◆ 钩织方法

1. 环形起针，底部钩织配色花样 A。
2. 继续，主体环形编织配色花样 B。
3. 从主体上挑针，提手钩织配色花样 C。
4. 将两个提手的钩织终点做卷针缝缝合。

包身

4/0号钩针

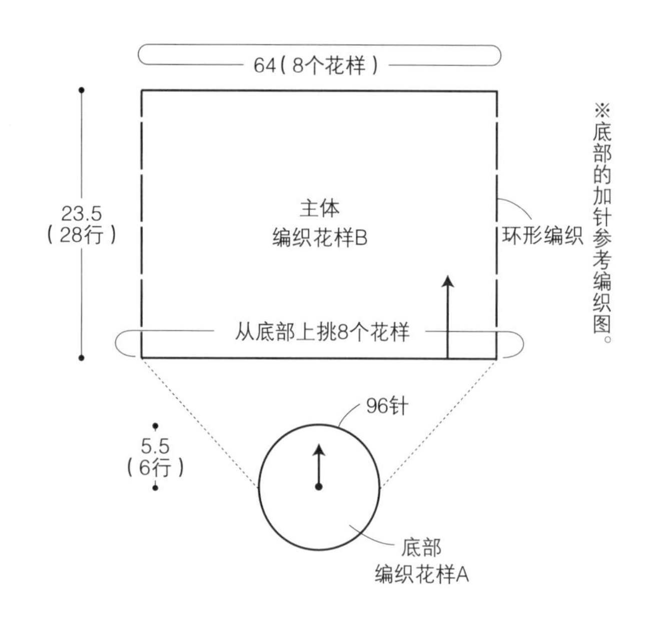

※底部的加针参考编织图。

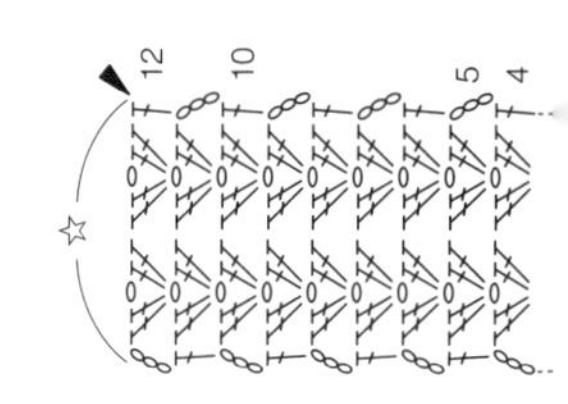

包身、提手的编织图

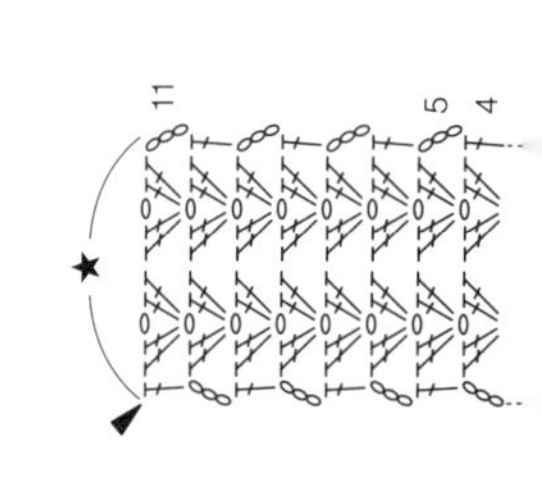

提手

4/0号钩针

※另一侧也用相同方法钩织 。

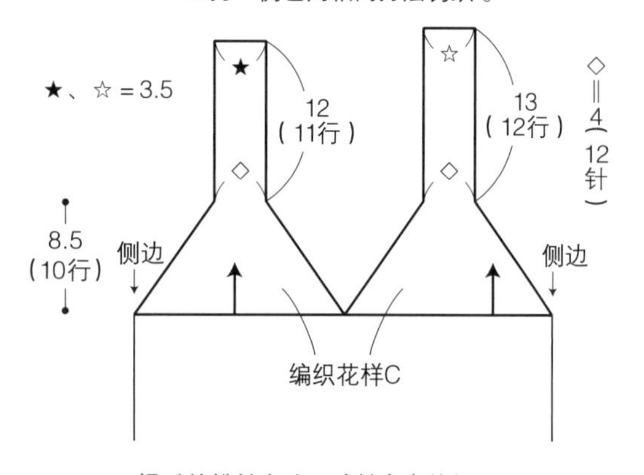

※提手的挑针方法、减针参考编织图。

组合方法

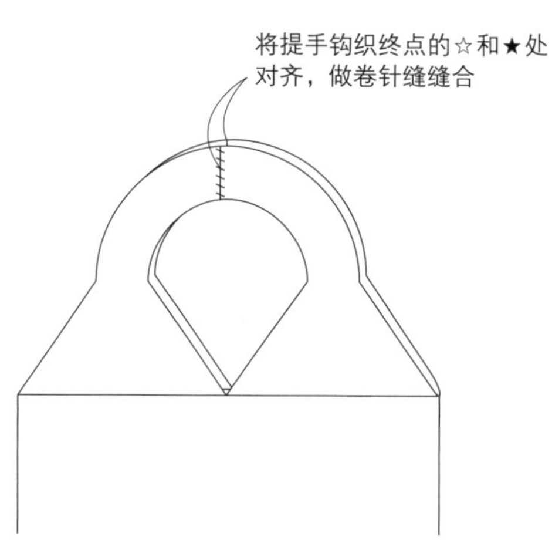

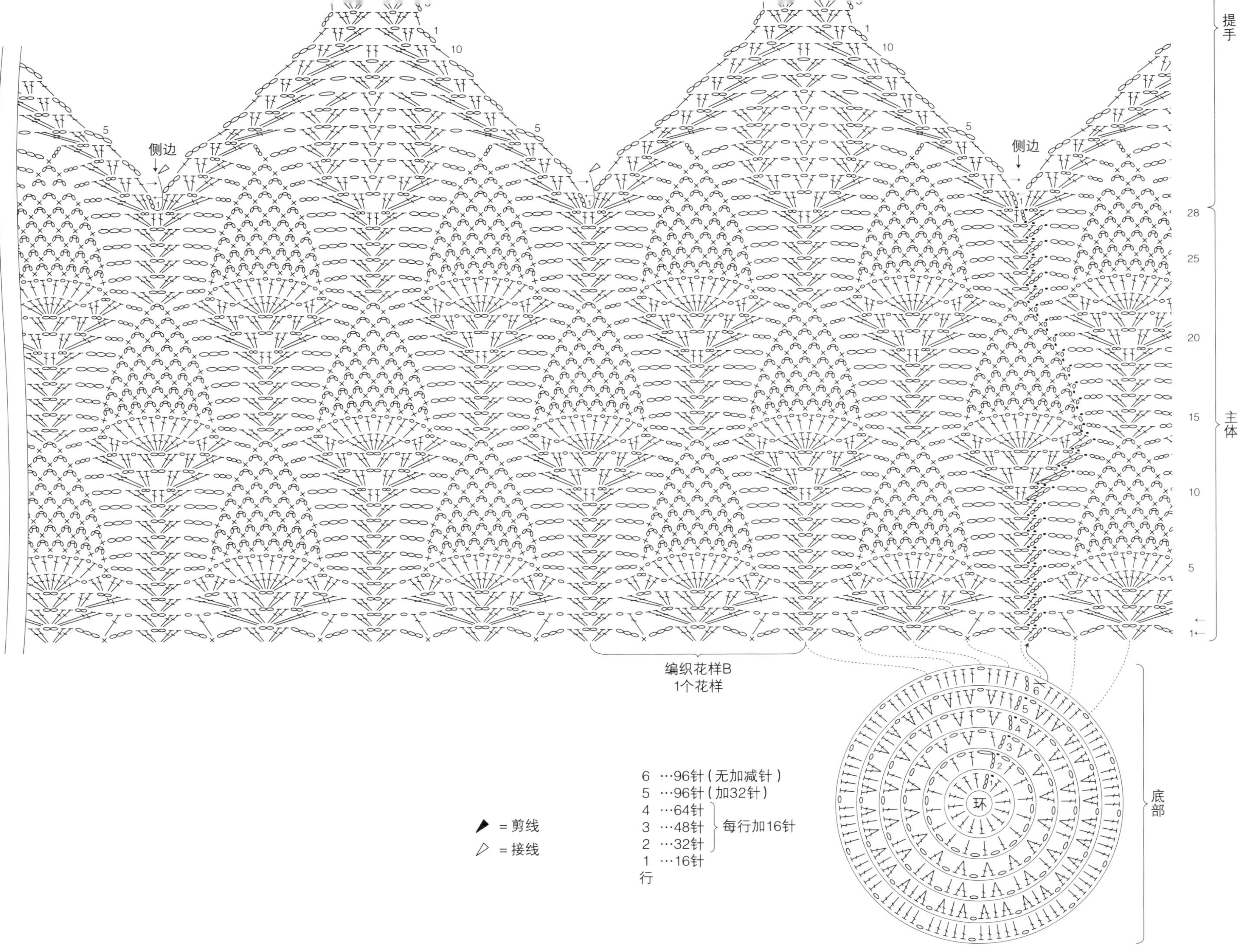

提手
主体
28
25
20
15
10
5
1
底部
环
侧边
编织花样B
1个花样
6 …96针（无加减针）
5 …96针（加32针）
4 …64针
3 …48针
2 …32针
1 …16针
行
每行加16针
= 剪线
= 接线

p.26 **18**

◆ 用线

DARUMA GIMA

米白色（1）180g

黑色（7）50g

◆ 工具

钩针 8/0 号

◆ 密度（10cm × 10cm 面积内）

短针 16 针，18 行

◆ 完成尺寸

高 11.5cm，宽 32.5cm

◆ 钩织方法

1. 环形起针，底部和主体钩织短针。
2. 从主体上挑针，提手钩织短针。
3. 将两个提手的钩织终点做卷针缝缝合。
4. 从主体和提手上挑针，钩织边缘编织。

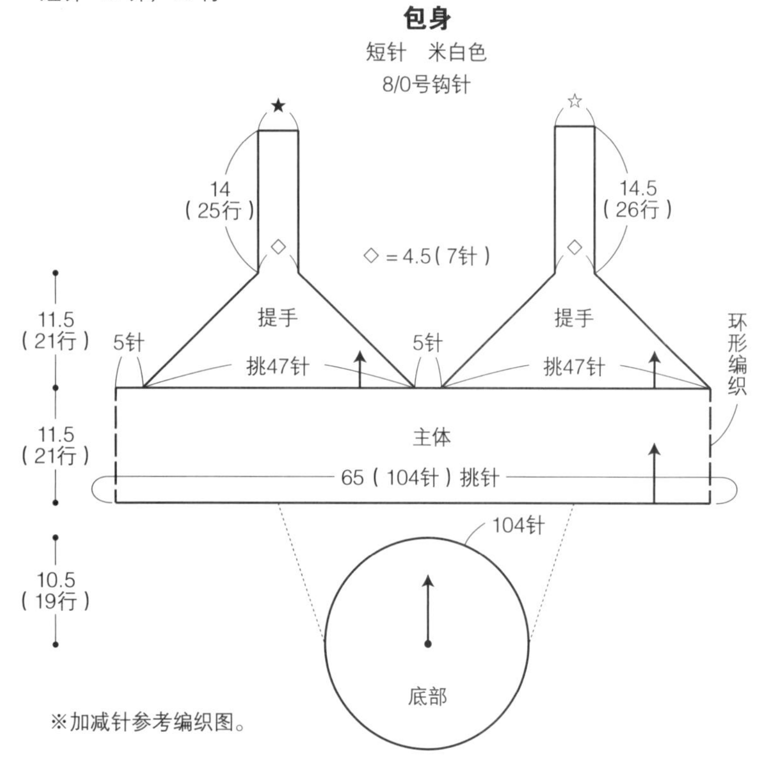

边缘编织的编织图

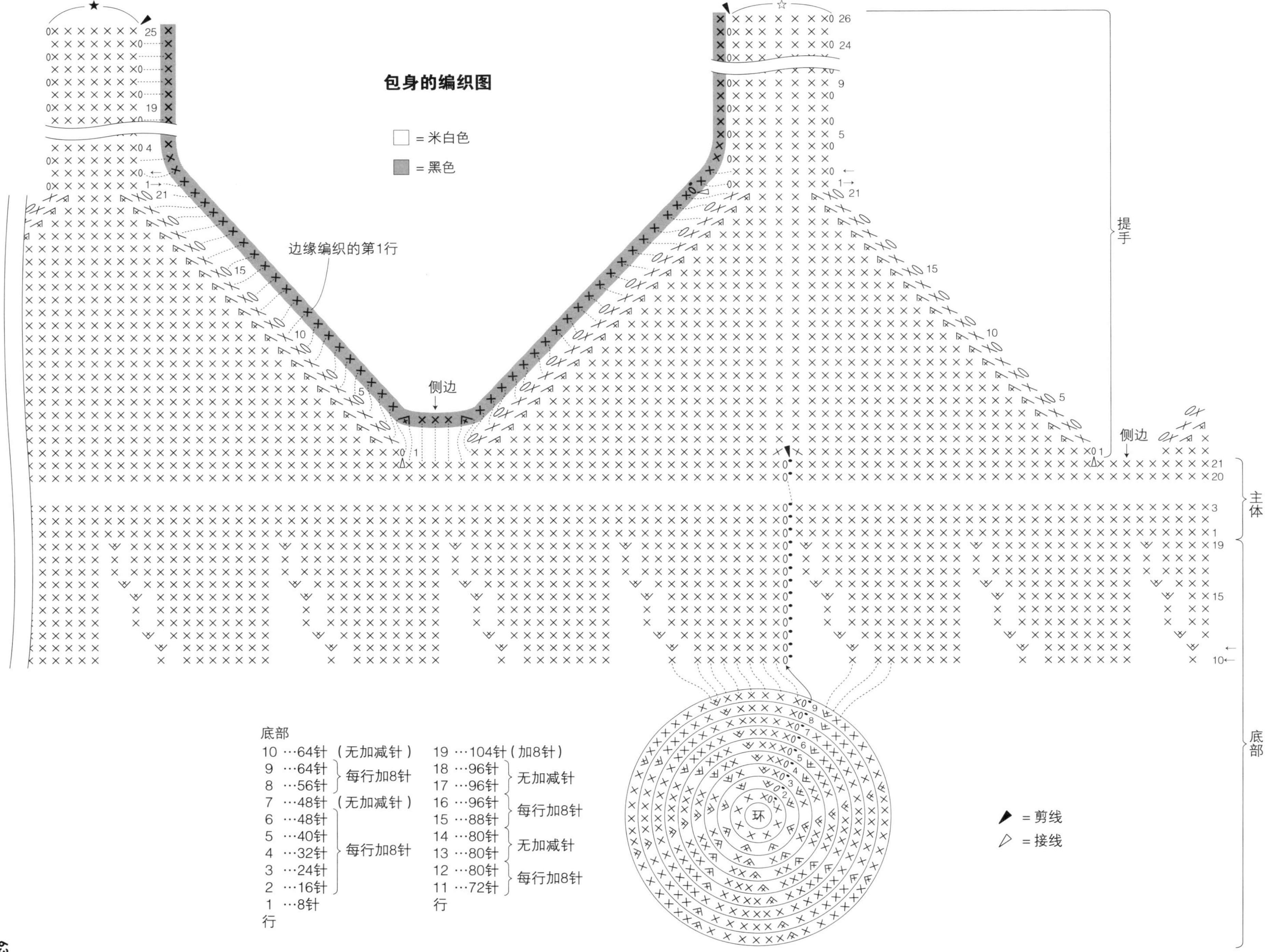
包身的编织图
□ = 米白色
■ = 黑色
边缘编织的第1行
侧边
侧边
提手
主体
底部
▲ = 剪线
△ = 接线
底部
10 …64针（无加减针）
9 …64针
8 …56针 每行加8针
7 …48针（无加减针）
6 …48针
5 …40针
4 …32针
3 …24针
2 …16针 每行加8针
1 …8针
行
19 …104针（加8针）
18 …96针
17 …96针 无加减针
16 …96针
15 …88针 每行加8针
14 …80针
13 …80针 无加减针
12 …80针
11 …72针 每行加8针
行
环

p.28 19、20

◆ 用线

Hamanaka Flax K

19

红色（203）80g

20

白色（11）50g

藏蓝色（16）10g

蓝色（211）10g

蓝绿色（213）10g

◆ 工具

钩针 5/0 号

◆ 密度（10cm × 10cm 面积内）

中长针 24 针，15 行

◆ 完成尺寸

高 16.5cm，宽 21cm

◆ 钩织方法

1. 环形起针，底部和主体环形编织中长针。
2. 环形起针，钩织 1 片花片，与主体连接。
3. 从第 2 片以后，在花片的最终行与相邻的花片和主体连接，钩织指定片数的花片。
4. 从连编花片上挑针，穿入口处钩织中长针。
5. 钩织绳子，将绳子穿过穿入口，两端打单结。

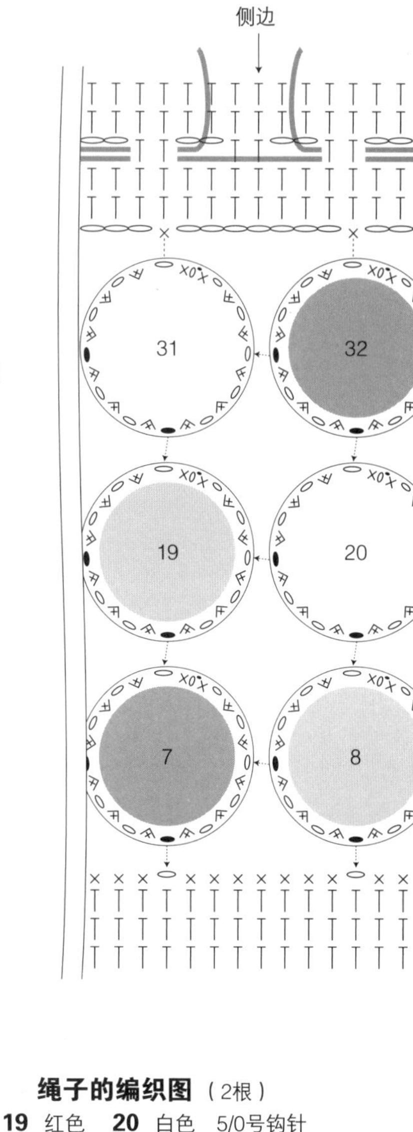

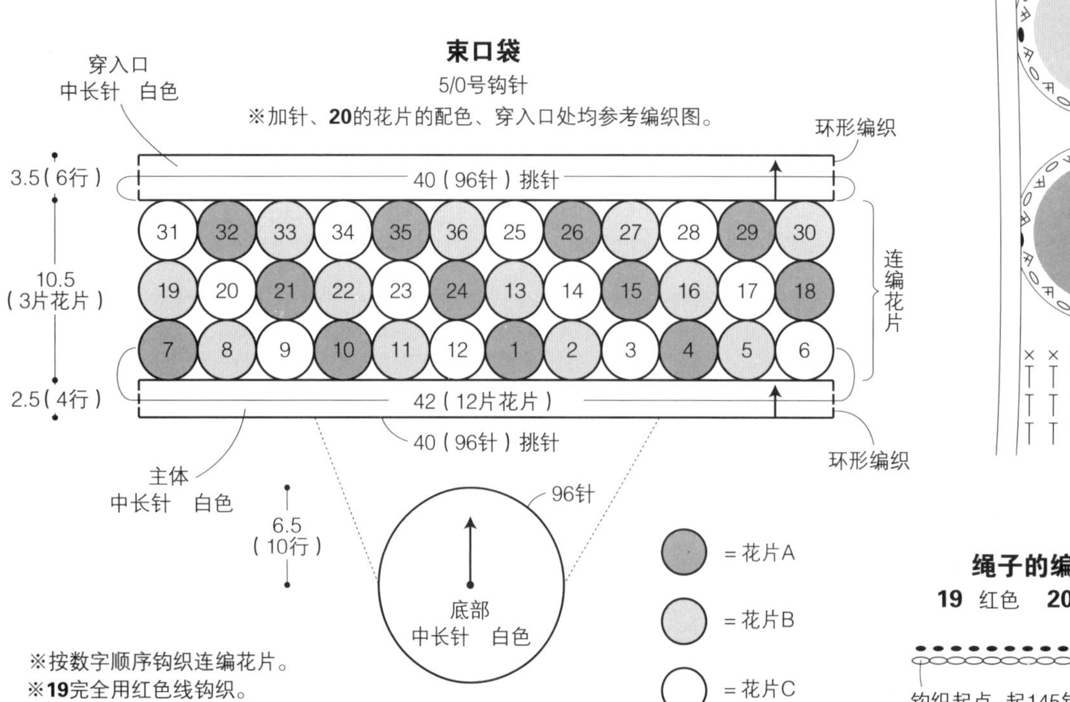

绳子的编织图（2根）

19 红色 20 白色 5/0号钩针

钩织起点 起145针锁针

60

19 花片的编织图

（36片）

5/0号钩针

3.5

20 花片A~C的编织图

（各12片）

5/0号钩针

3.5

※除了花片第2行的钩织终点外，其他均与20 相同。

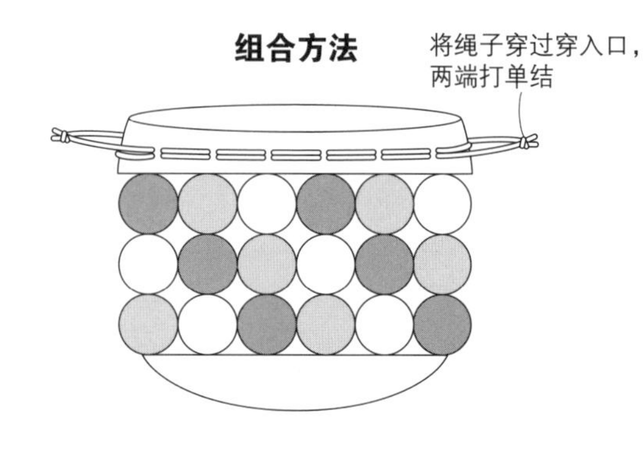

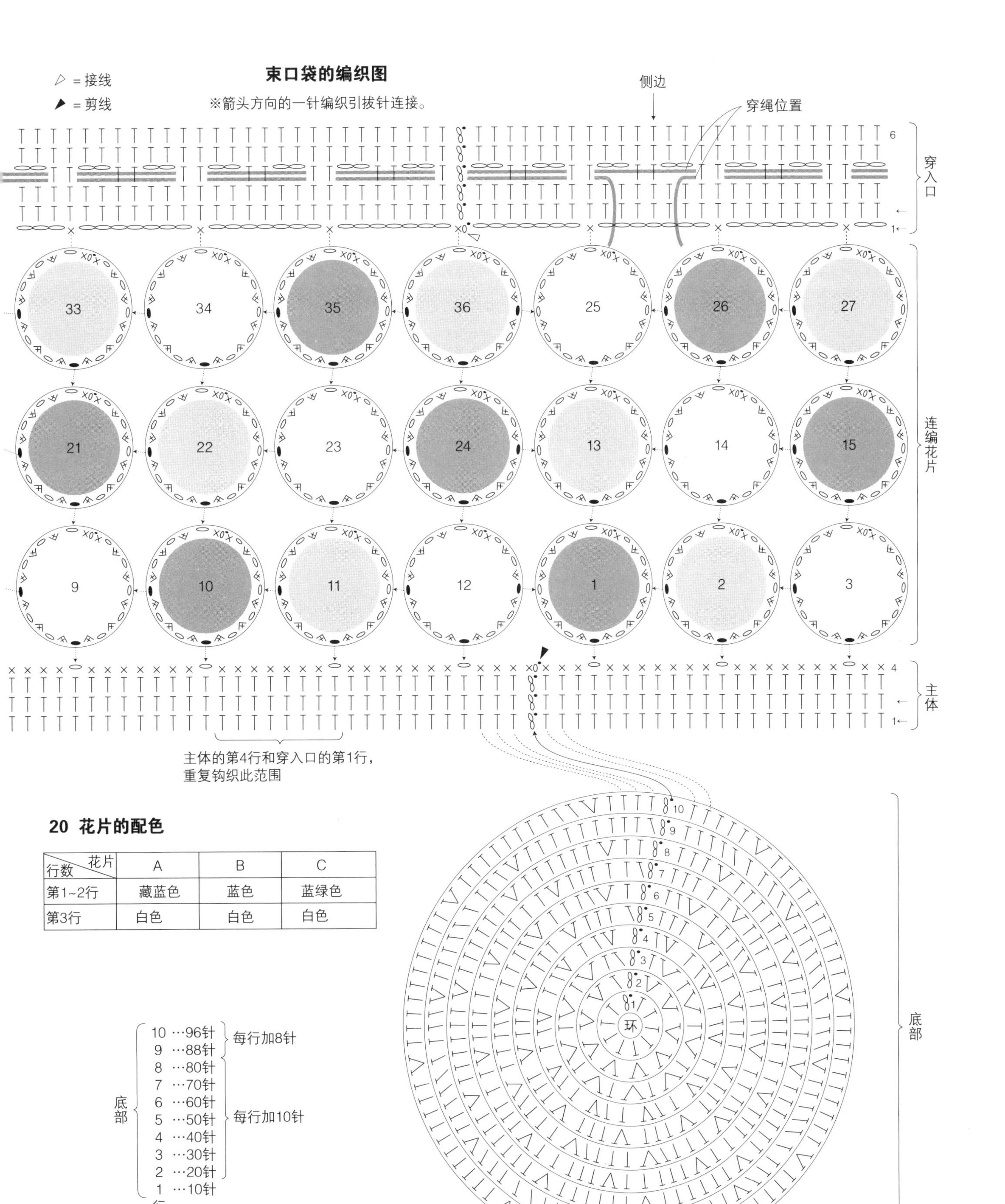

20 花片的配色

行数＼花片	A	B	C
第1~2行	藏蓝色	蓝色	蓝绿色
第3行	白色	白色	白色

底部

行	针数	
10	…96针	每行加8针
9	…88针	
8	…80针	每行加10针
7	…70针	
6	…60针	
5	…50针	
4	…40针	
3	…30针	
2	…20针	
1	…10针	

p.30 **21**

◆ 用线

Hamanaka eco・ANDARIA

酒红色（55）140g

◆ 其他材料

口金

（Hamanaka　H207-019-4　高约 9cm　宽约 18cm

古铜色）1 组

包用链条

（Hamanaka　H210-590-013　约 101cm）1 条

◆ 工具

钩针 5/0 号

◆ 密度（10cm×10cm 面积内）

编织花样 13.5 针，7 行

◆ 完成尺寸

高 14cm，宽 35.5cm

◆ 钩织方法

1. 环形起针，包身钩织编织花样。
2. 一边包裹着口金钩织，一边钩织边缘编织。
3. 在口金上固定链条。

包身的编织图

组合方法

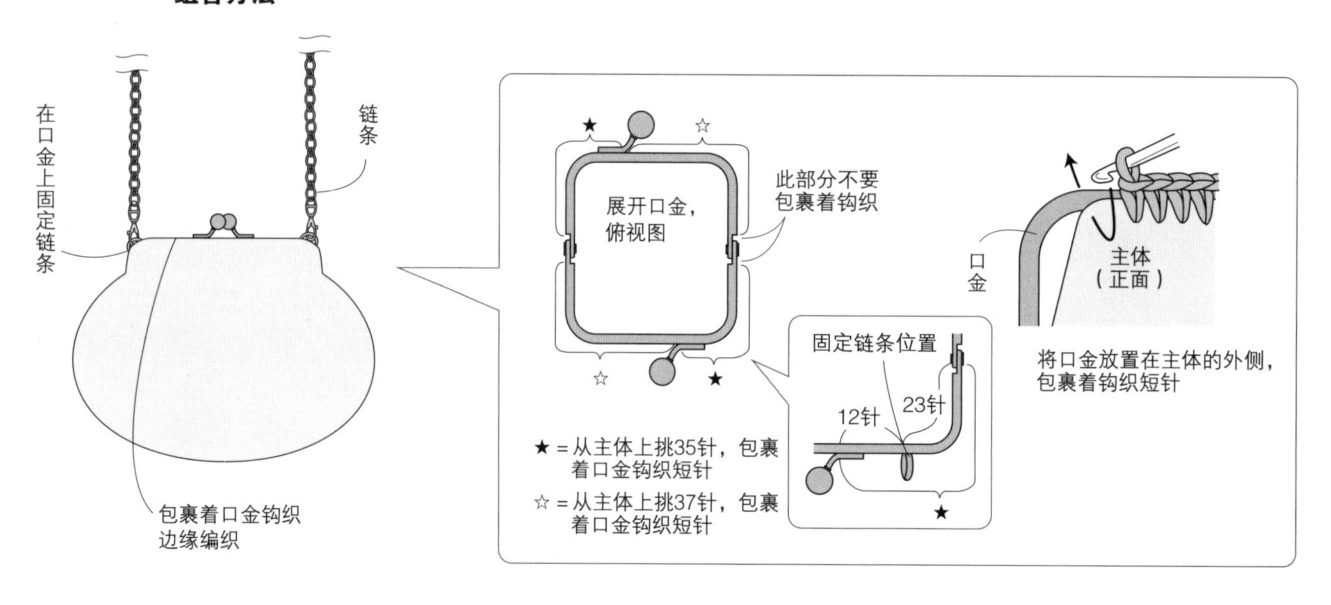

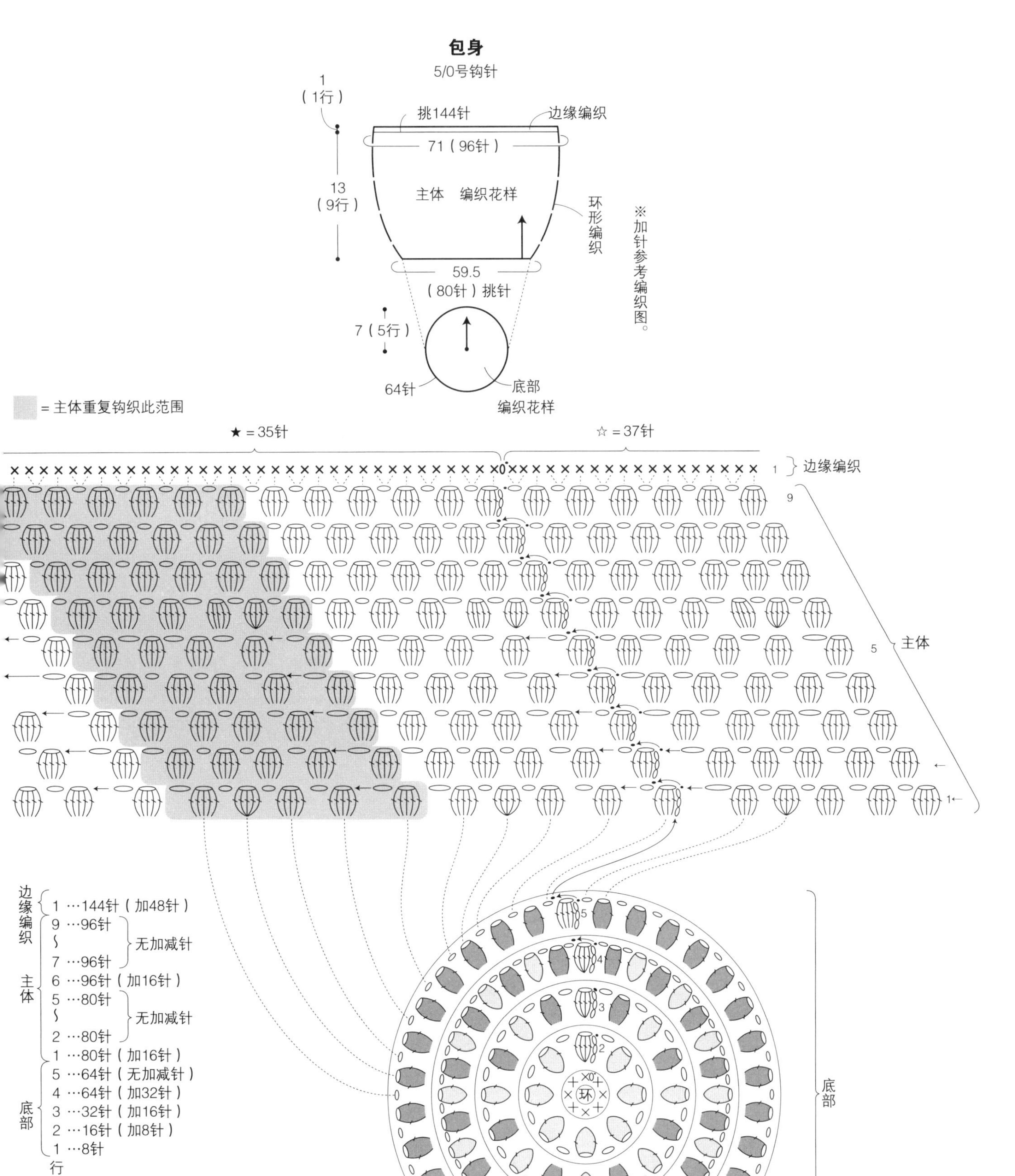
包身
5/0号钩针
1
(1行)
挑144针
边缘编织
71(96针)
13
(9行)
主体 编织花样
环形编织
※加针参考编织图。
59.5
(80针)挑针
7(5行)
64针
底部
编织花样
=主体重复钩织此范围
★=35针
☆=37针
边缘编织
主体
底部
边缘编织 1 …144针(加48针)
主体 9 …96针 ~ 7 …96针 无加减针
6 …96针(加16针)
5 …80针 ~ 2 …80针 无加减针
1 …80针(加16针)
底部 5 …64针(无加减针)
4 …64针(加32针)
3 …32针(加16针)
2 …16针(加8针)
1 …8针
行
环
= 5针长针的爆米花针
= 5针长针的爆米花针(成束挑起)

p.31

22、23

◆ 用线

DARUMA Cotton Crochet Large

22 白色（1）50g

23 棕色（4）50g

◆ 其他材料

圆珠口金

22 INAZUMA　BK-18AG　15 号　翡翠色　1 个

23 INAZUMA　BK-18AG　0 号　象牙白色　1 个

◆ 工具

钩针 6/0 号

◆ 密度（10cm×10cm 面积内）

短针 20.5 针，20 行

编织花样 20.5 针，22.5 行

◆ 完成尺寸

高 7.5cm，宽 17.5cm

◆ 钩织方法

※ 均用 2 根线进行钩织。

1. 环形起针，底部钩织短针。
2. 继续，主体钩织编织花样。
3. 缝上口金。

零钱包

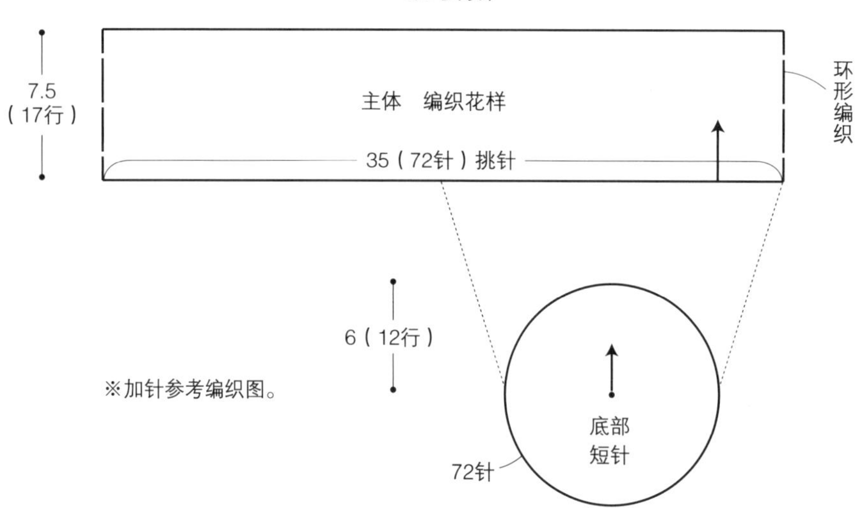

组合方法

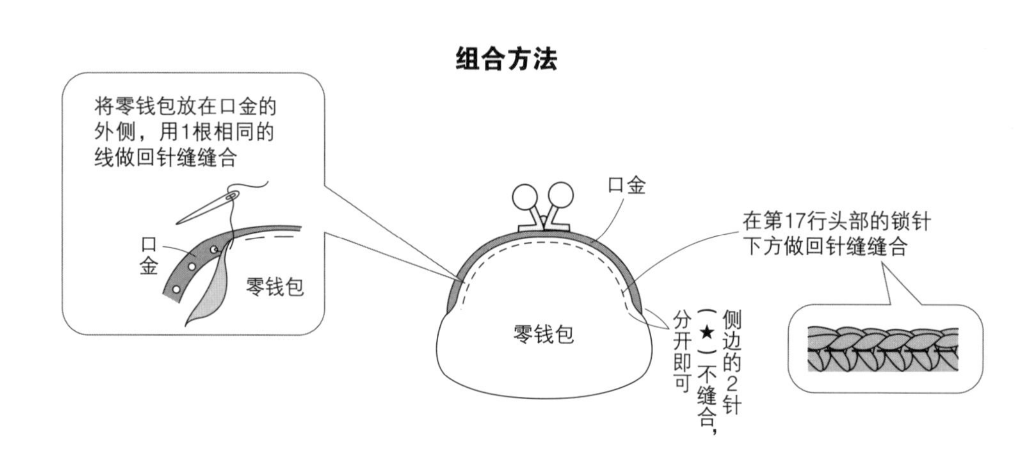

零钱包的编织图

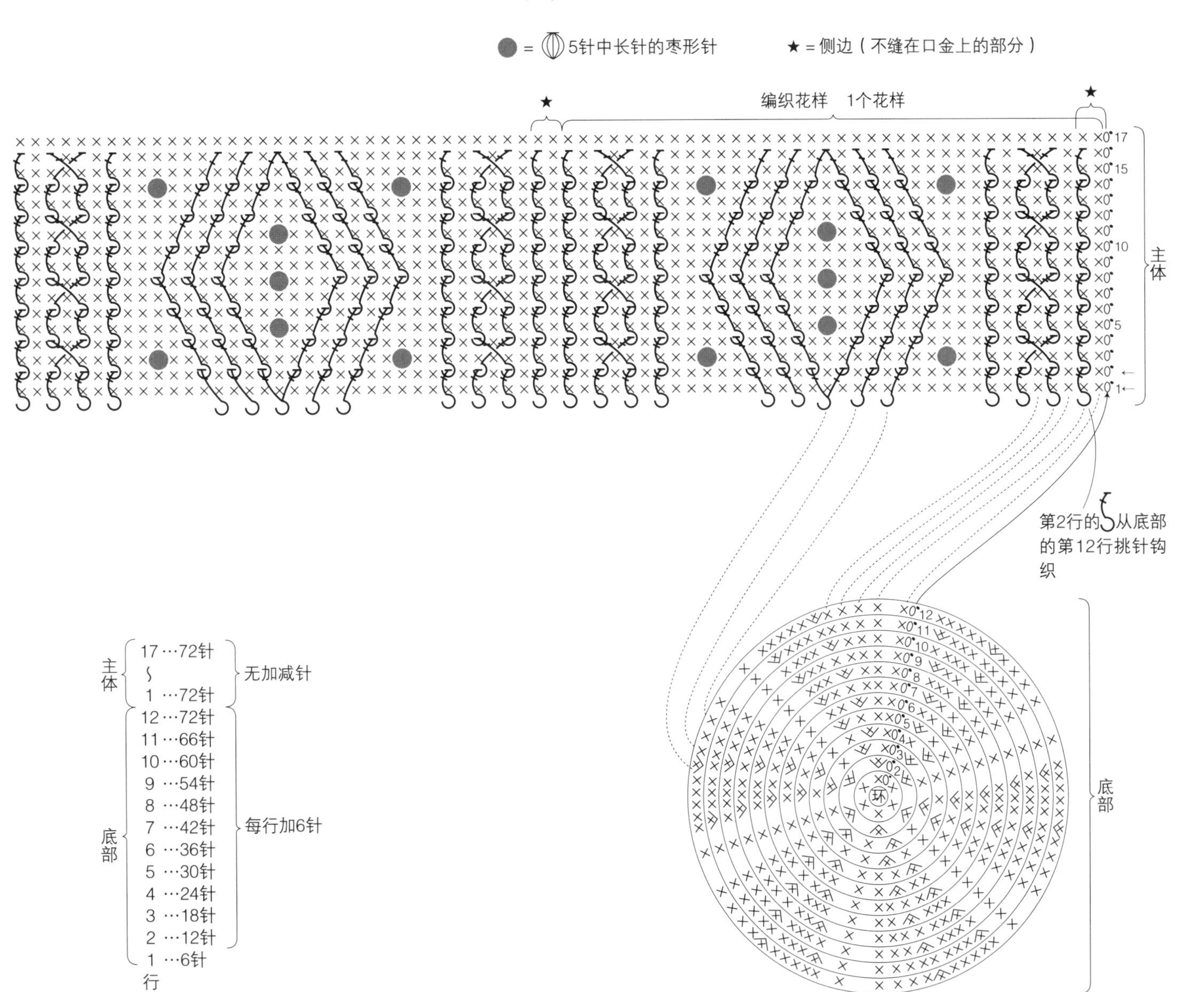

● = 5针中长针的枣形针
★ = 侧边（不缝在口金上的部分）
编织花样　1个花样
主体
第2行的从底部的第12行挑针钩织
底部
环
主体
17…72针
1…72针
无加减针
底部
12…72针
11…66针
10…60针
9…54针
8…48针
7…42针
6…36针
5…30针
4…24针
3…18针
2…12针
1…6针
每行加6针
行

p.21 **13**

◆ 用线
DARUMA SASAWASHI
米黄色（1）80g
黑色（8）10g

◆ 其他材料
皮革肩带
（INAZUMA BS-1203A 宽约1cm 26号黑色）1组
D字环（宽1cm 古铜色）2个
磁扣（手缝型15mm）1组

◆ 工具
钩针 6/0号

◆ 密度（10cm×10cm面积内）
编织花样B 18.5针，18行

◆ 完成尺寸
高14cm，宽24.5cm

◆ 钩织方法
1. 钩织锁针环形起针，包盖钩织编织花样A、边缘编织A、短针。
2. 钩织锁针起针，包身用短针、编织花样B环形编织。中途包着D字环钩织。
3. 继续，一边钩织引拔针，一边将包盖连接在包身上。
4. 将磁扣缝合固定在包身上，将皮革肩带连接在D字环上。
5. 制作流苏，连接在D字环上。

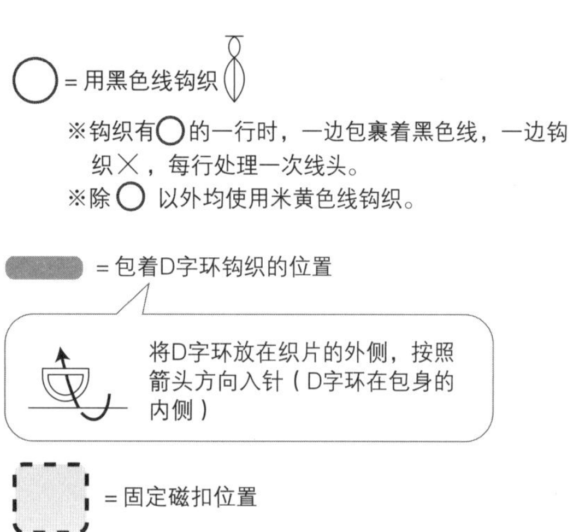

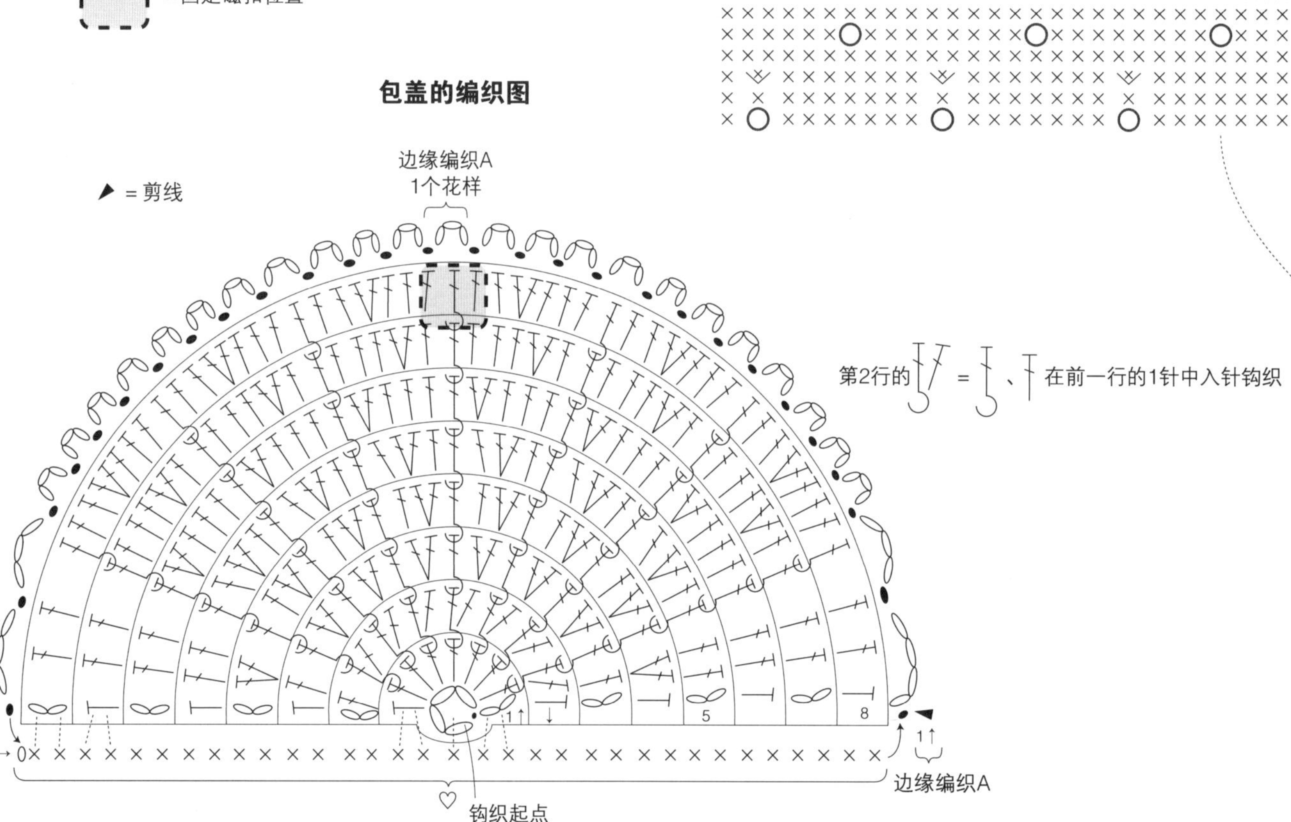

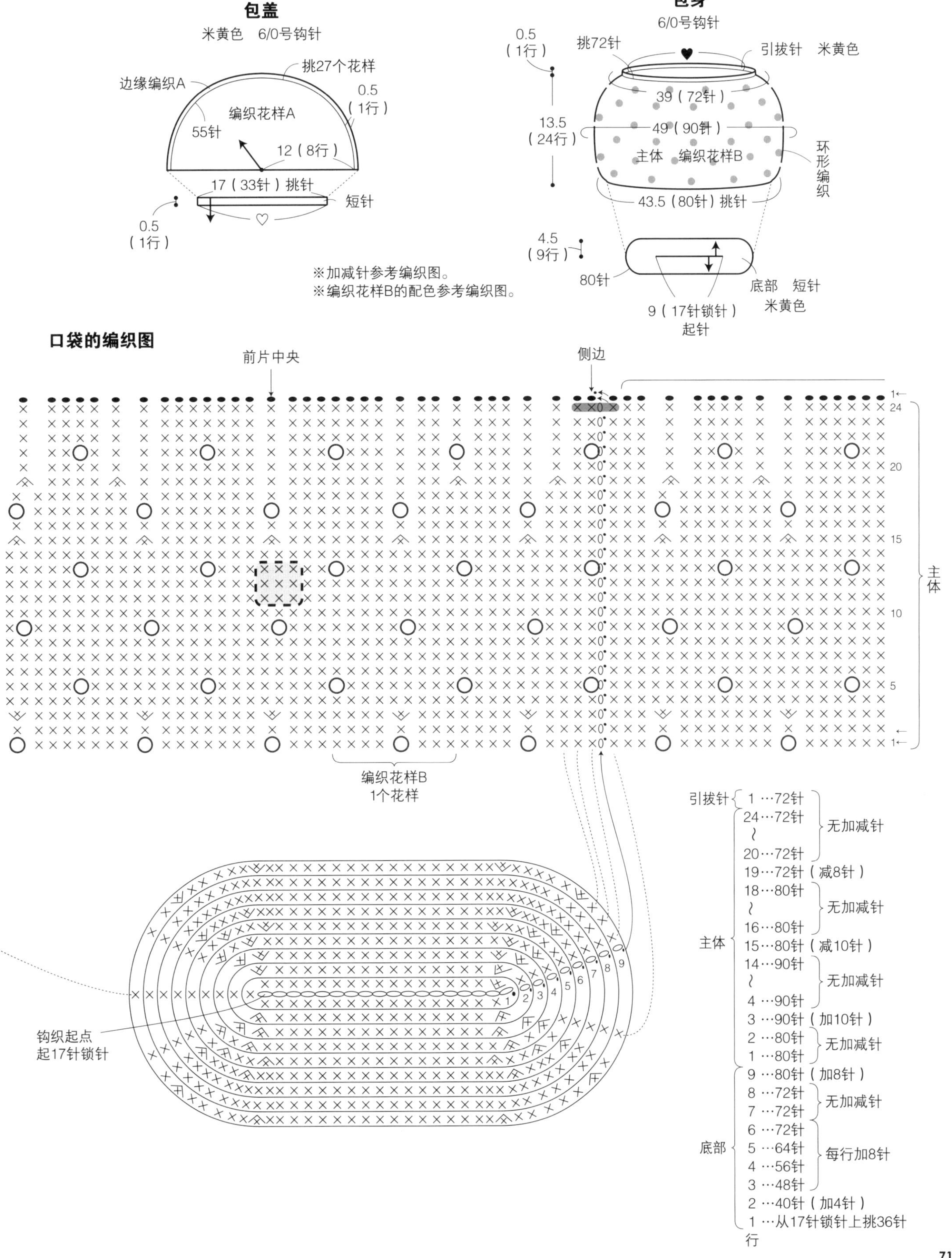
包盖
米黄色　6/0号钩针
挑27个花样
边缘编织A
0.5
（1行）
编织花样A
55针
12（8行）
17（33针）挑针
短针
0.5
（1行）
包身
6/0号钩针
0.5
（1行）
挑72针
引拔针　米黄色
39（72针）
13.5
（24行）
49（90针）
主体　编织花样B
环形编织
43.5（80针）挑针
4.5
（9行）
80针
底部　短针
米黄色
9（17针锁针）
起针
※加减针参考编织图。
※编织花样B的配色参考编织图。
口袋的编织图
前片中央
侧边
主体
编织花样B
1个花样
钩织起点
起17针锁针
引拔针
1…72针
24…72针
20…72针
无加减针
19…72针（减8针）
18…80针
16…80针
无加减针
主体
15…80针（减10针）
14…90针
4…90针
无加减针
3…90针（加10针）
2…80针
1…80针
无加减针
9…80针（加8针）
8…72针
7…72针
无加减针
6…72针
5…64针
4…56针
3…48针
每行加8针
底部
2…40针（加4针）
1…从17针锁针上挑36针
行

流苏的制作方法

①将黑色线剪成指定长度。

a：25cm×20根

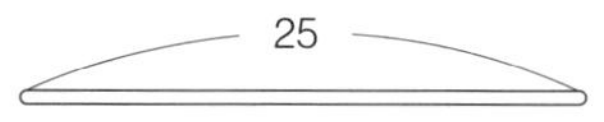

b：50cm×3根

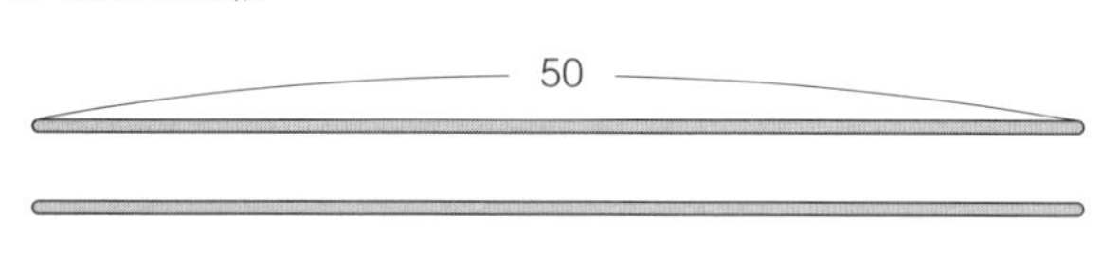

②将2根**b**聚拢后对折，在距上端5cm处打2次结。

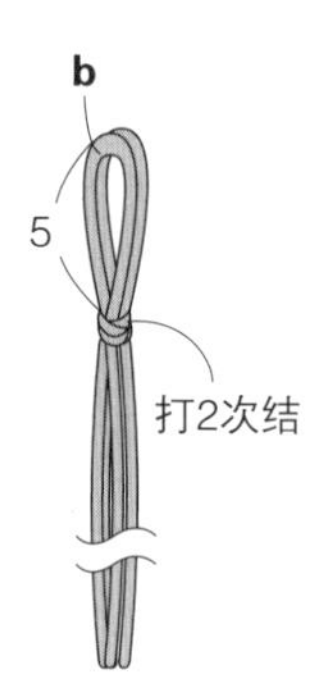

③将**a**放入其间，在下面将**b**再打1次结。

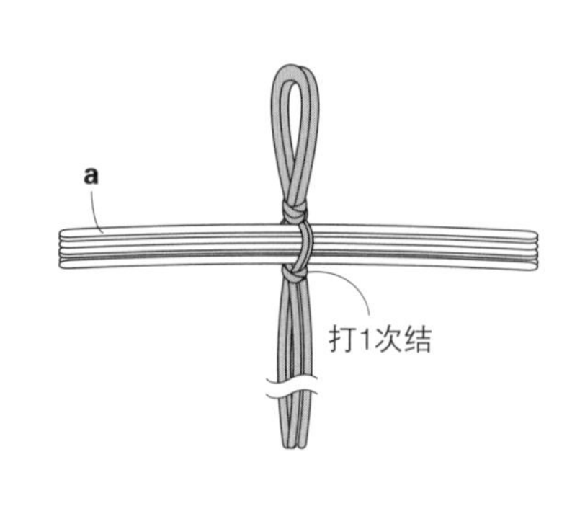

④将**a**对折，隐藏③中的绳结。

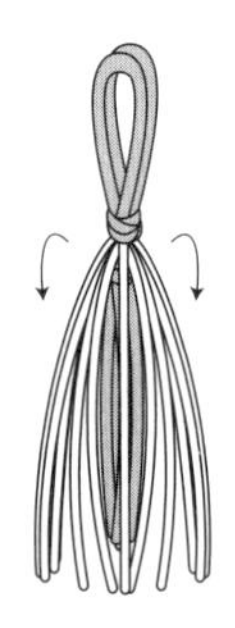

⑤在**a**距上方绳结1.5cm处，用1根**b**缠绕后打结。线头收入内侧。

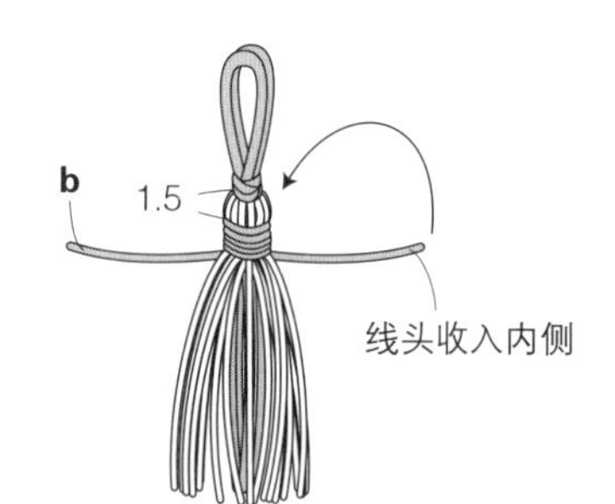

⑥将下端修剪整齐。

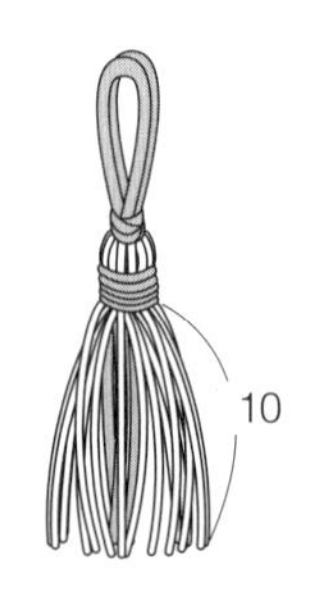

组合方法

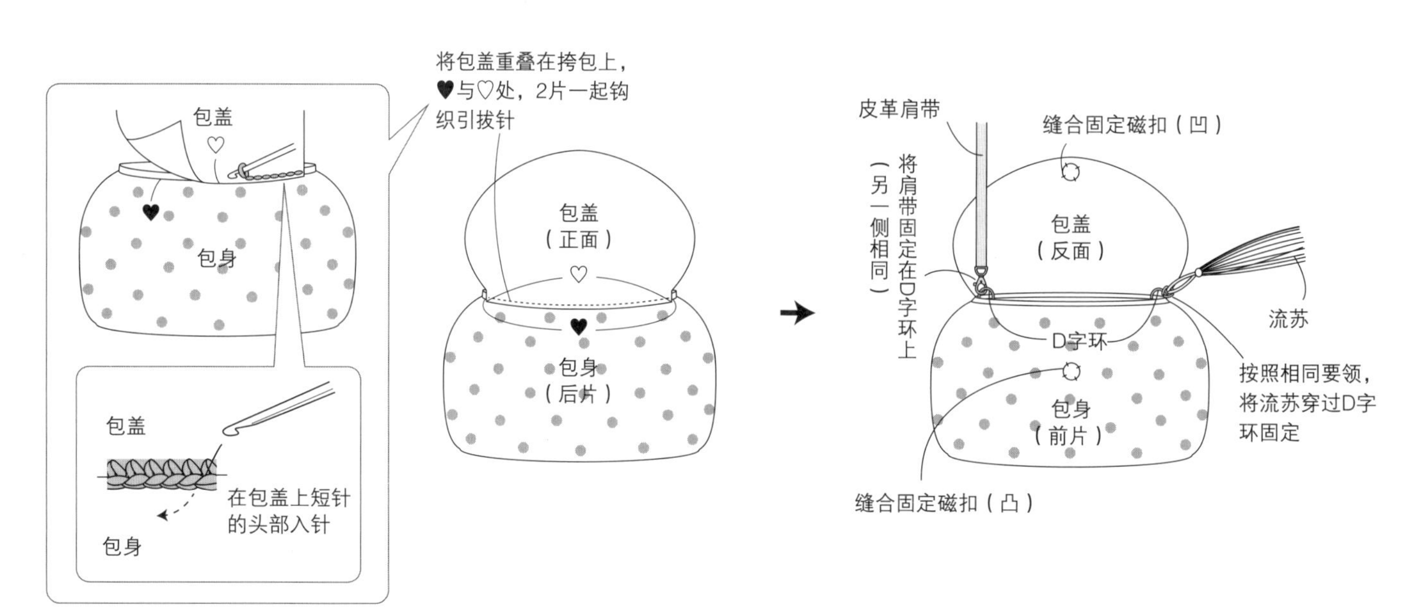

钩织前的准备

＊编织图的看法

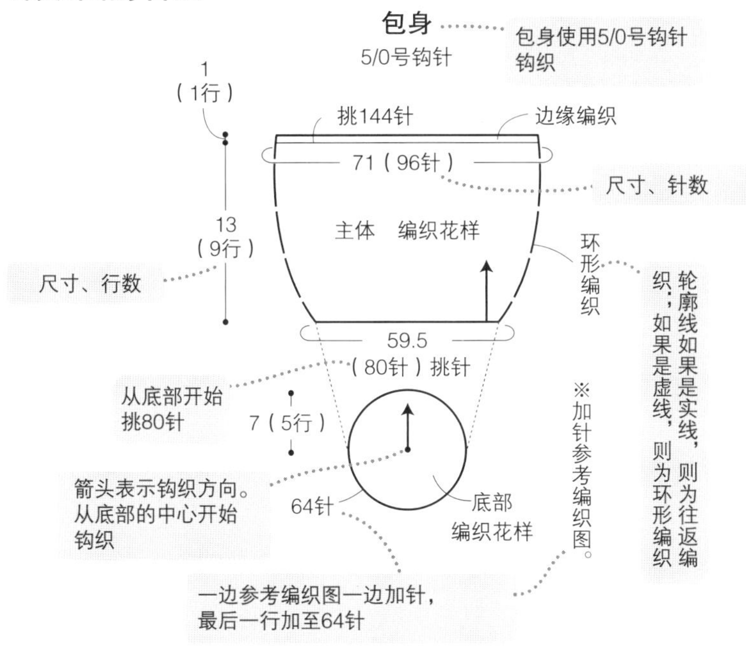

＊钩针编织图的看法

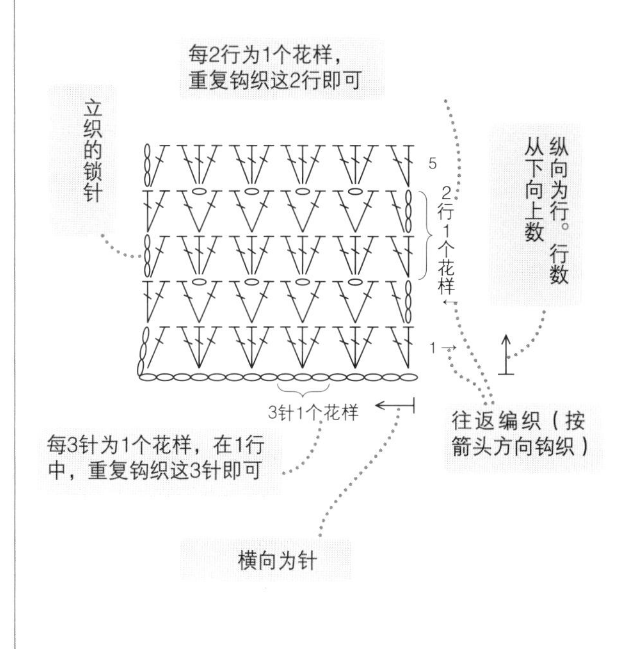

＊关于密度

“密度”指织片的密度，表示在边长10cm的正方形织片中的针数和行数。因为编织者的手劲儿不同，密度也会不同。即使使用书中指定的线和钩针，也不一定能钩织出相同的尺寸。请务必试钩，测量出自己的密度。

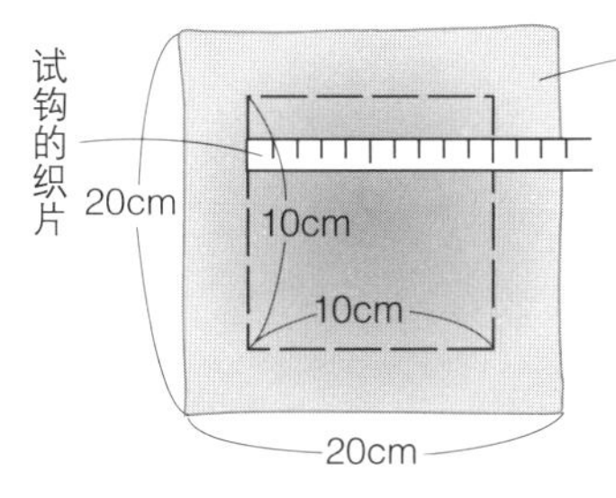

用尺子测量

因为靠近织片边缘的部分，针目的大小不同，所以需要钩织出边长20cm的正方形织片。

注意不要用力按压，轻轻放上蒸汽熨斗熨烫，然后测量中间边长10cm的正方形内的针数和行数。

※若你的织片中，针数、行数比本书中的标准密度中的多（针目紧），请更换更粗的针；如果比本书中的标准密度中的少（针目松），请更换细一些的针。

＊往返编织和环形编织

往返编织 每钩织1行更换织片的手持方向，交替看着织片的正面和反面钩织。

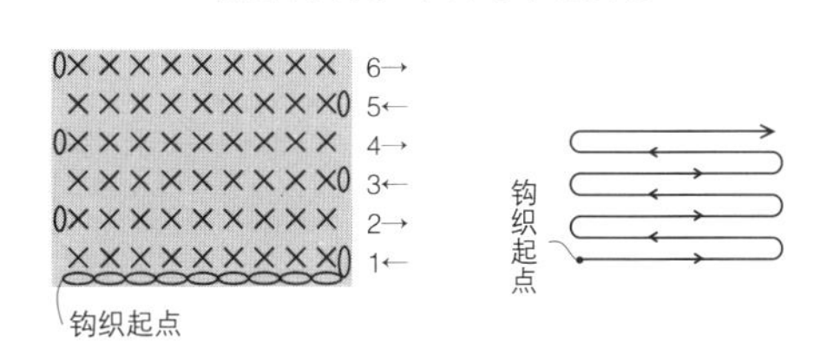

每钩织1行，交替看着织片的正面和反面，按照箭头方向钩织。（箭头向左时，看着正面钩织；箭头向右时，看着反面钩织）

环形编织 总是看着织片的正面，每行按照相同的方向钩织。

从中心开始钩织时

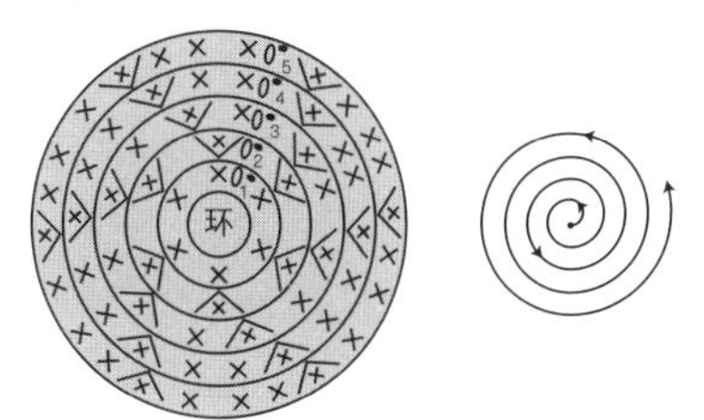

环形起针，从中心开始向外侧钩织。总是看着正面，按照逆时针方向钩织。

呈筒状钩织时

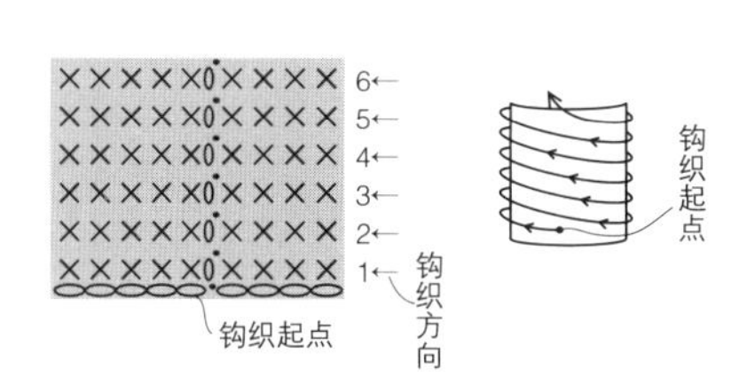

锁针起针，钩织成环状，每钩织完一行，在那一行的第1针钩织引拔针，形成环状。以螺旋状持续钩织。

* 立织的锁针

在一行的开始时，需要钩织出与这一行针目高度相同的锁针数，这些锁针就叫作“立织的锁针”。
立织的锁针，除了短针以外，都算作一行的第1针。

需要的锁针的高度

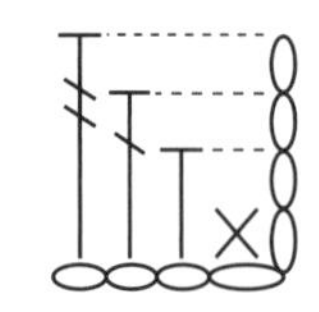

短针的情况

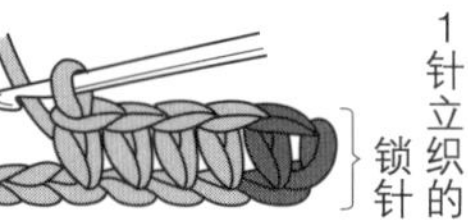

中长针的情况

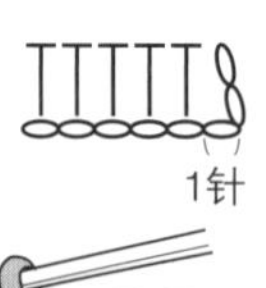

长针的情况

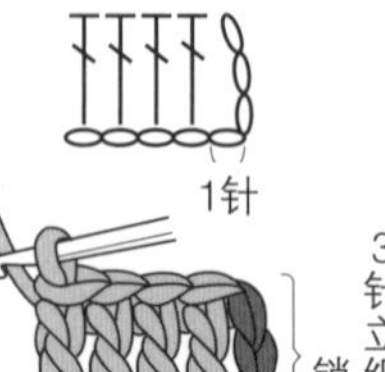

* 一行的锁针的头部

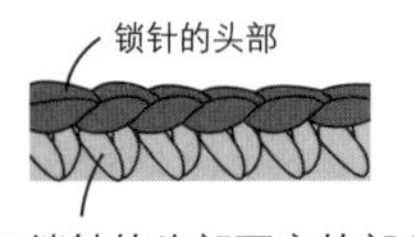

※锁针的头部下方的部分，叫根部。

挑起锁针头部的2根线

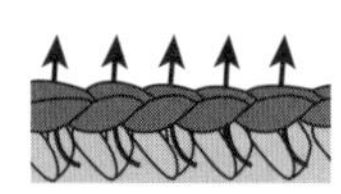

挑起锁针头部的外侧1根线

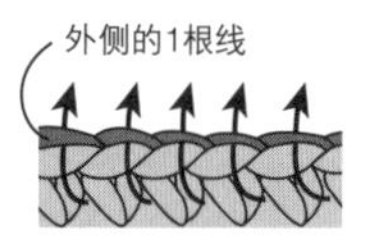

挑起锁针头部的内侧1根线

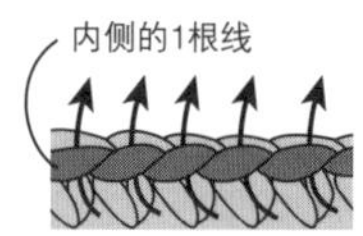

基本针法

钩针编织

* 起针

锁针起针

①

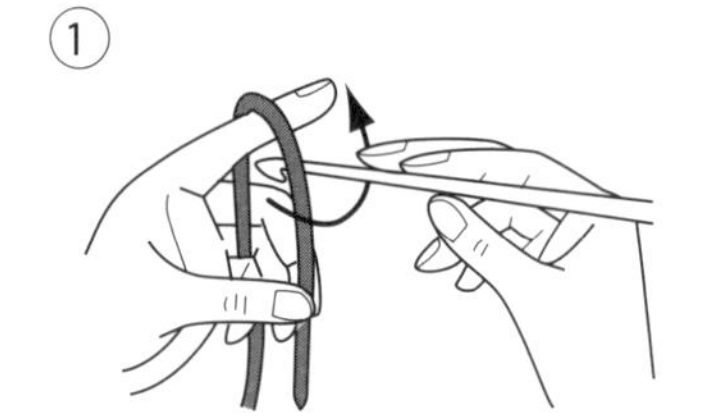

将钩针放在线的内侧，将针头按照箭头方向转动1圈。

②

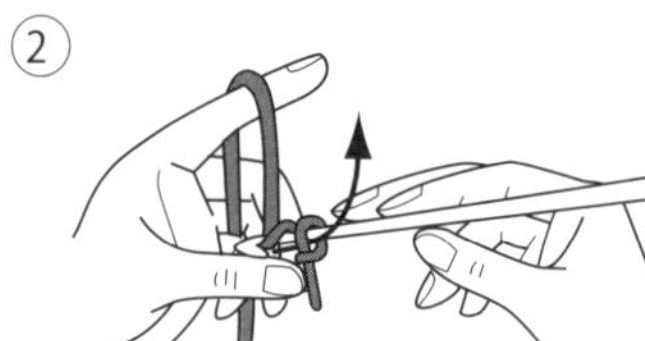

线绕在了钩针上。用左手捏住交叉处的根部，再将线挂在钩针上拉出。

③

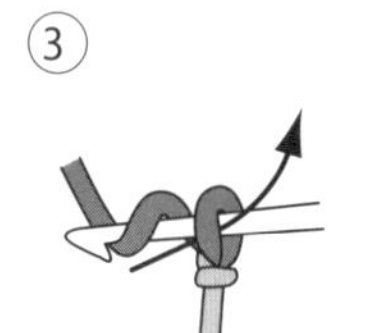

将线如图所示挂在钩针上，拉出。

④

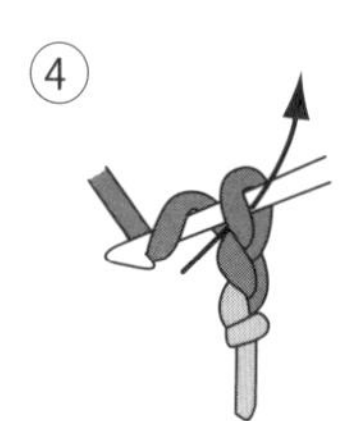

重复相同的动作钩织。

环形起针

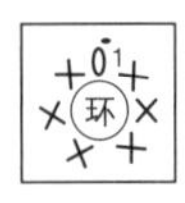

※以第1行钩织短针为例进行说明。

①

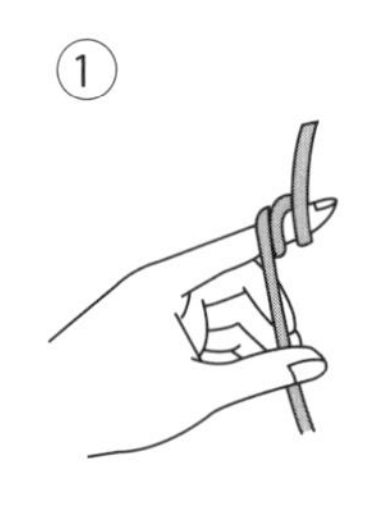

将线在手指上绕2圈。

②

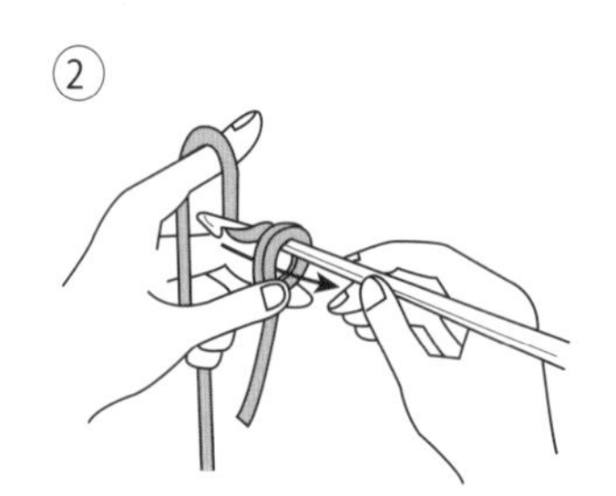

将钩针插入线圈中间，挂线后拉出。

③

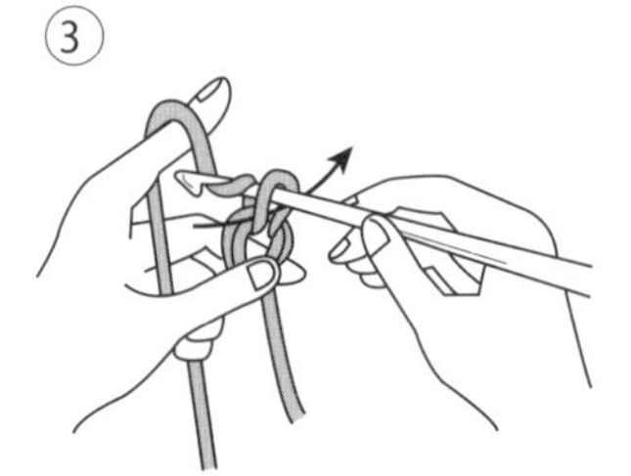

将线挂在钩针上，然后按照箭头方向拉出。

④

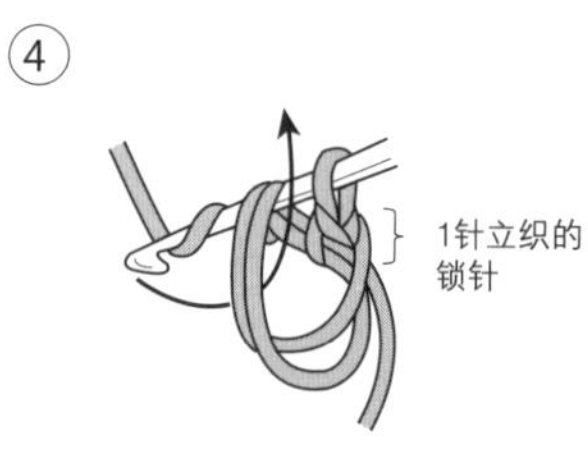

钩织第1行的立织的锁针，将钩针插入线圈中，挂线后按照箭头方向拉出，钩织短针。

⑤

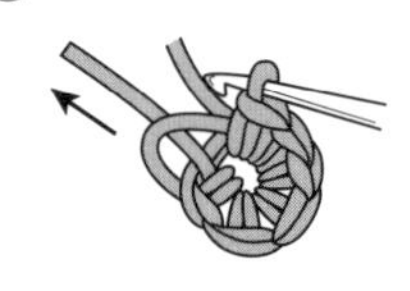

在线圈上钩织了所需针数后，拉动线头，缩小线圈，收成一个环。

⑥

继续拉动线头，再次缩小环。

⑦

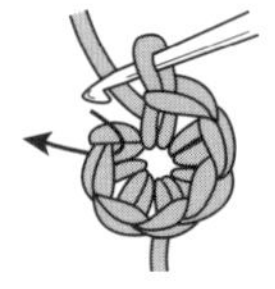

按照箭头方向，将钩针插入第1针短针中，钩织引拔针。

钩织锁针环形起针

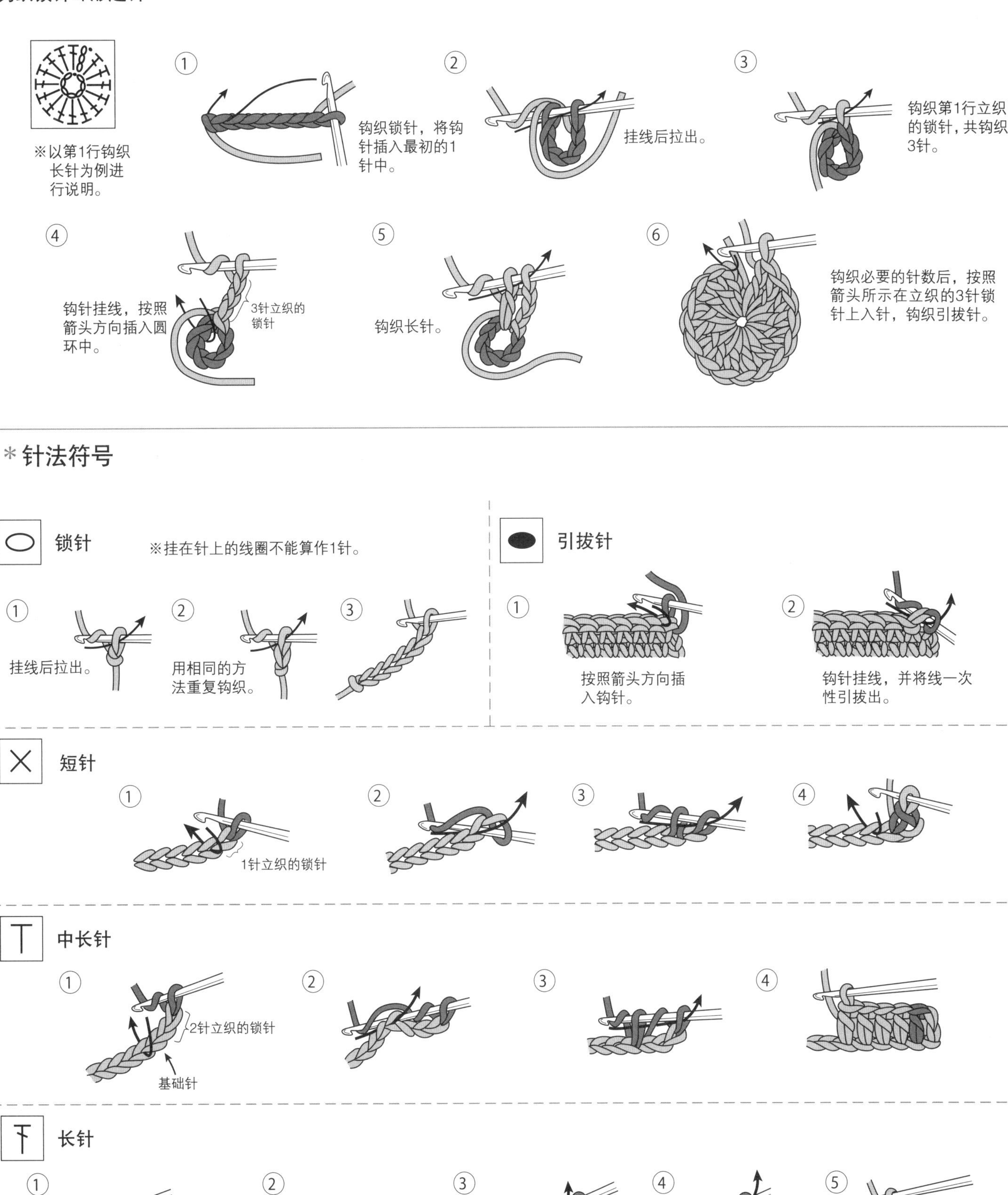

*针法符号

锁针

※挂在针上的线圈不能算作1针。

① 挂线后拉出。

② 用相同的方法重复钩织。

③

引拔针

① 按照箭头方向插入钩针。

② 钩针挂线，并将线一次性引拔出。

短针

①

1针立织的锁针

②

③

④

中长针

①

2针立织的锁针

基础针

②

③

④

长针

①

3针立织的锁针

基础针

②

③

④

⑤

长长针

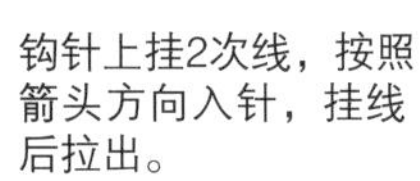

钩针上挂2次线，按照箭头方向入针，挂线后拉出。

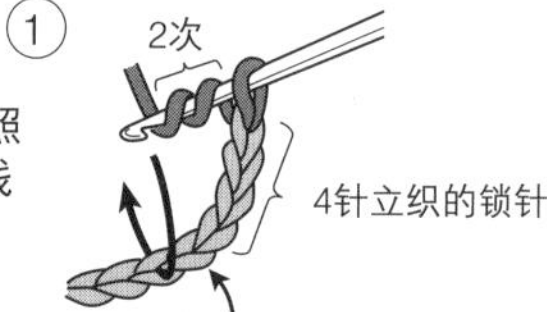

挂在针上的线圈，每2个一起引拔出。

1针放2针短针

※同理，是在同一针目中钩织3针短针。

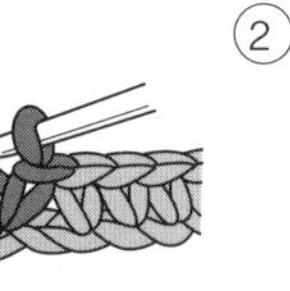

钩织1针短针。　在同一针目中，再钩织1针短针。

2针短针并1针

※“未完成”，即差1次引拔，针目就能完成的状态。

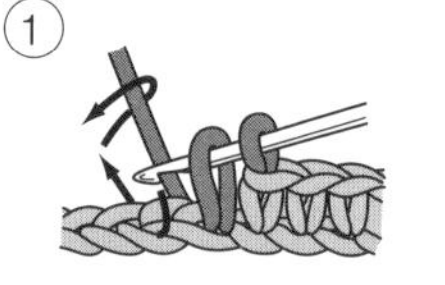

钩织2针未完成的短针。　一次性引拔出。

1针放2针长针

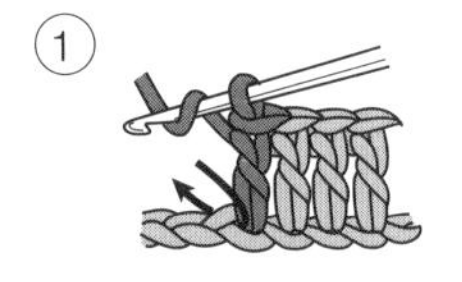
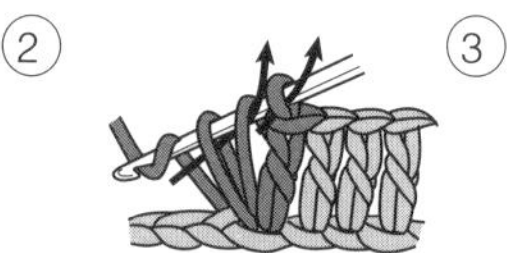

钩织1针长针。　在同一针目中，再钩织1针长针。

※同理，是在同一针目中钩入2针。

2针长针并1针

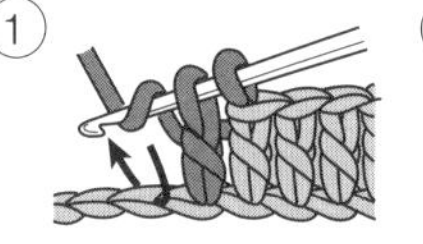
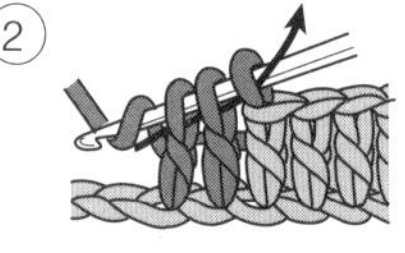
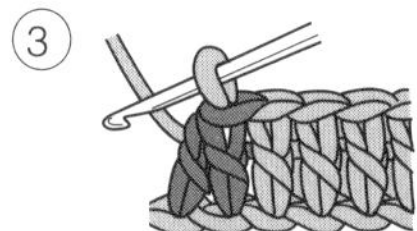

钩织2针未完成的长针。　一次性引拔出。

※同理，是将2针未完成的一次性引拔出。

条纹针（短针的情况）

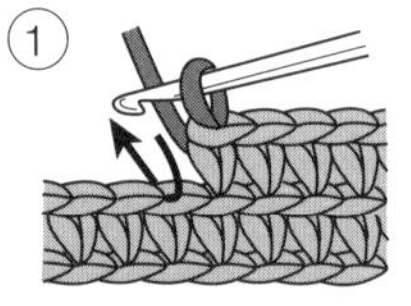

环形编织。将钩针插入前一行锁针头部的外侧1根线中。

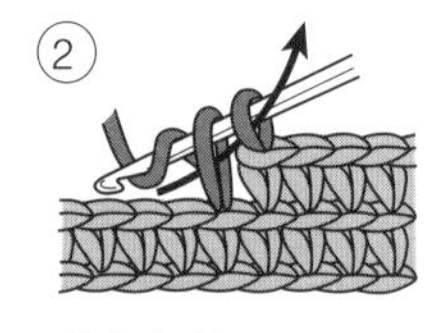

钩织短针。

※在往返钩织中钩织条纹针时，看着织片的反面钩织时，将钩针插入前一行锁针头部的内侧1根线中钩织。

菱形针（短针的情况）

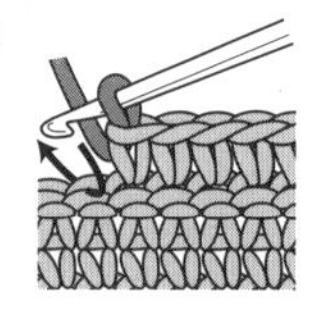

往返编织。将钩针插入前一行锁针头部的外侧1根线中。

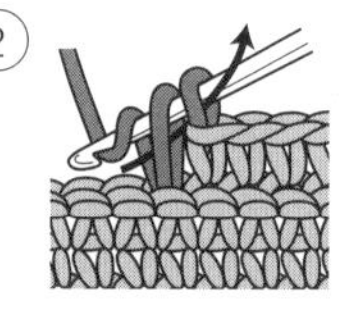

钩织短针。

※、用相同的方法插入钩针，钩织2针短针、引拔针。

※“条纹针”和“菱形针”使用相同的符号。虽然钩织方法（挑起前一行锁针头部的外侧1根线钩织）相同，但“条纹针”是环形编织时的名字，“菱形针”是往返编织时的名字，织片的外观是不同的。
※普通的短针，是挑起前一行锁针头部的2根线钩织（除短针外，其他钩织方法也一样）。

反短针

※从左向右钩织。

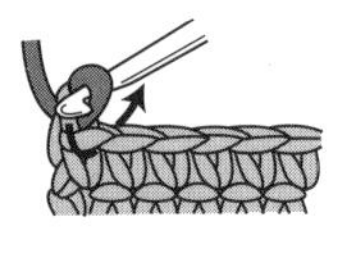

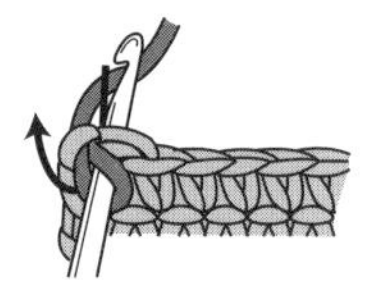

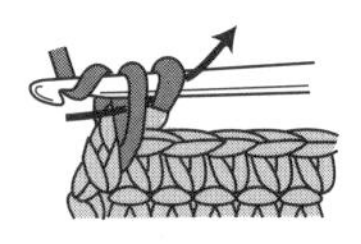

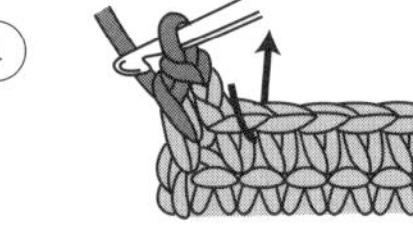

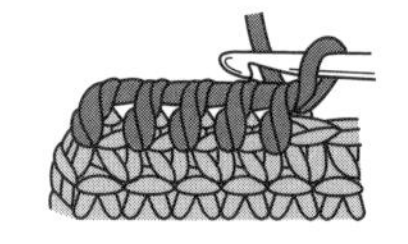

圈圈针

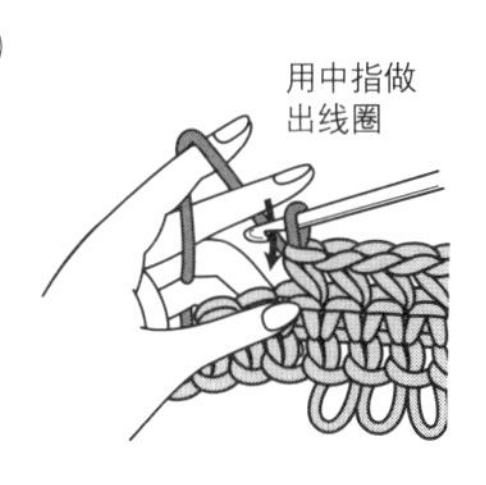

① 用左手的中指控制线圈的长度并压住。

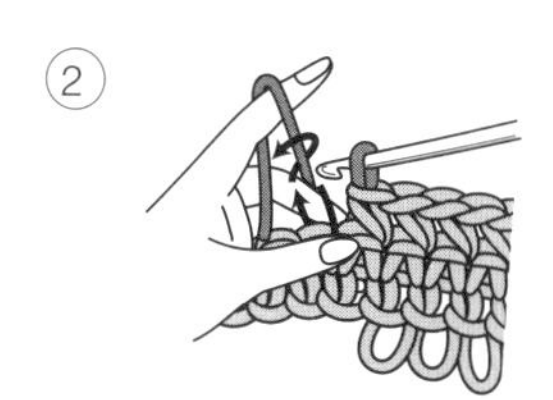

② 按照箭头方向插入钩针，继续压住线圈，将线拉出。

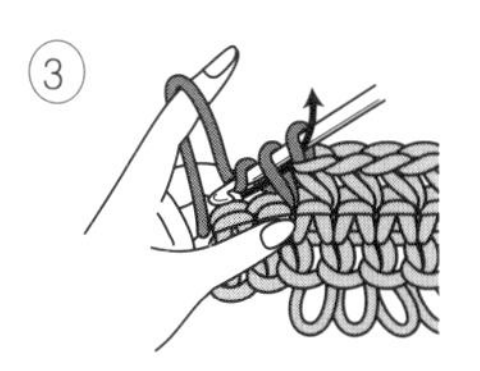

③ 钩针挂线，按照箭头方向从2个线圈中引拔出。

3针中长针的枣形针

※ 是从未完成的5针中长针中一次性引拔出。

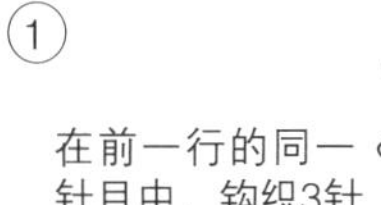

① 在前一行的同一针目中，钩织3针未完成的中长针。

②

③ 一次性引拔出。

第1针
第2针
第3针

④

变化的3针中长针的枣形针

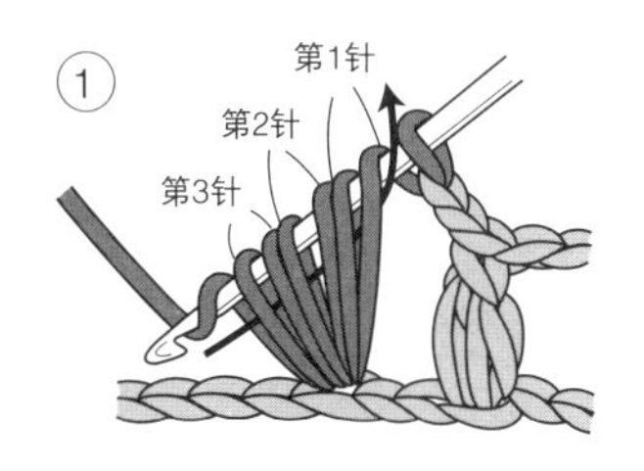

① 按照与3针中长针的枣形针相同的要领，从1针中钩织3针未完成的中长针。钩针挂线，按照箭头方向，只从中长针中一次性引拔出。

②

③

钩针挂线，从剩余的2个线圈中一次性引拔出。

5针长针的爆米花针

① 钩织5针长针，暂时将钩针拔出，再如图所示插入。

② 按照箭头方向，将线引拔出。

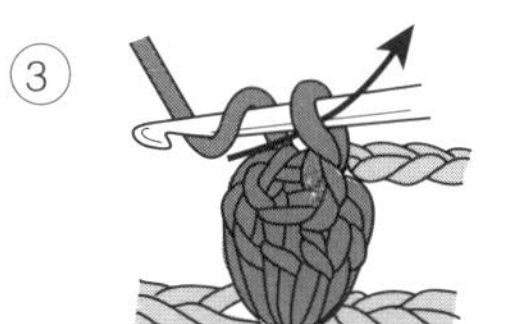

③ 钩针挂线，按照箭头方向引拔出。

④ 完成1针5针长针的爆米花针。

※按照相同的方法，用4针长针钩织。

1针长针右上交叉

※ 是用相同的方法钩织 。

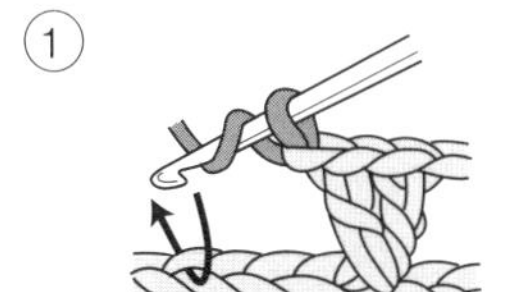

① 按照箭头方向插入钩针，钩织长针。

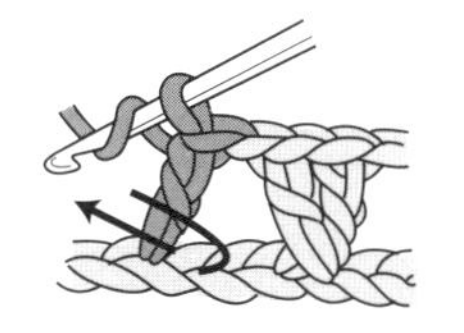

② 按照箭头方向插入钩针。

③

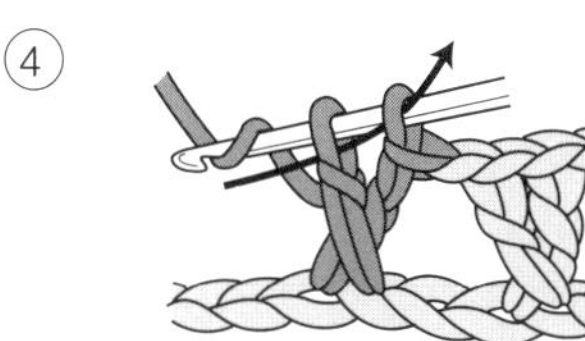

④

在最初钩织的长针的内侧钩织长针。

长针的正拉针

① 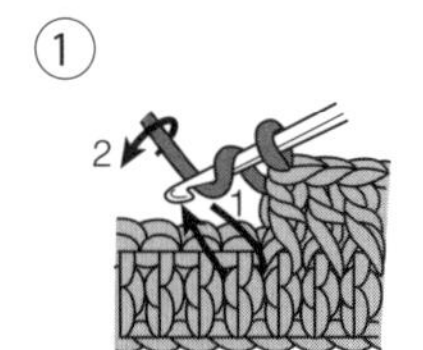
按照箭头方向插入钩针，挂线后拉出。

② 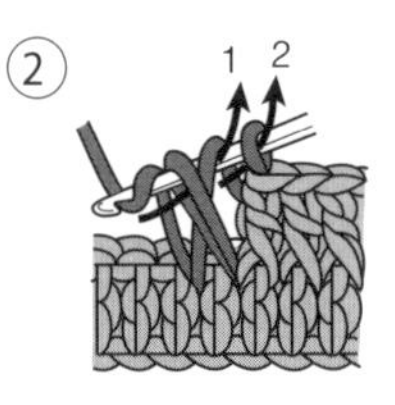
钩织长针。

③ 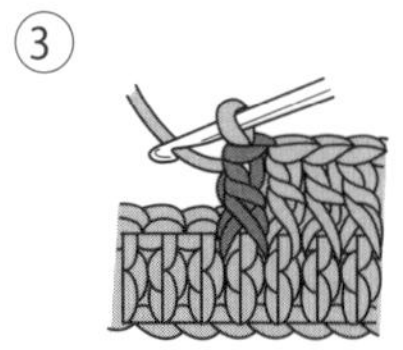
完成1针长针的正拉针。

※从织片反面钩织长针的正拉针时，钩出的就是长针的反拉针。

长针的反拉针

① 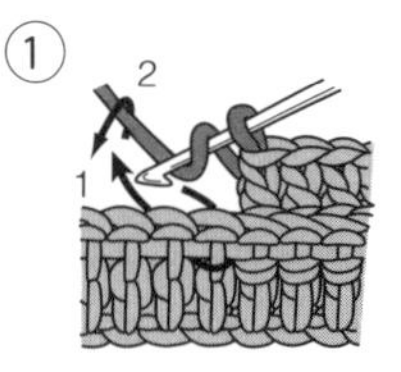
按照箭头方向插入钩针，挂线后拉出。

② 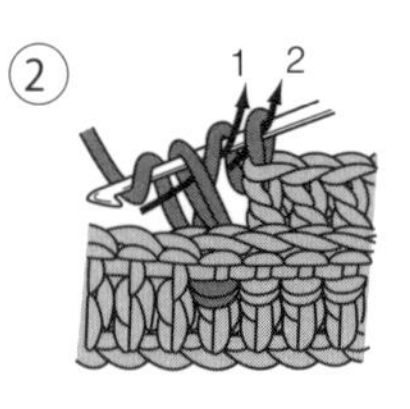
钩织长针。

③ 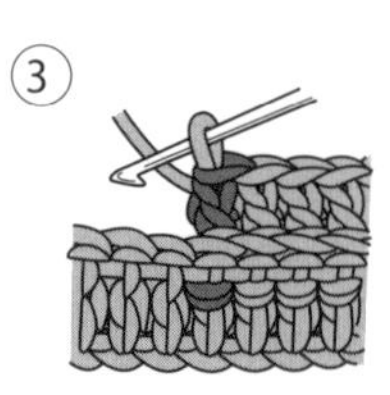
完成1针长针的正拉针。

※从织片反面钩织长针的反拉针时，钩出的就是长针的正拉针。

短针的正拉针

① 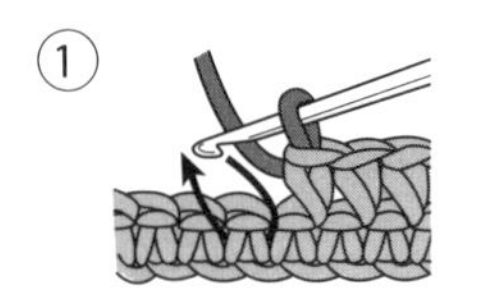
按照箭头方向插入钩针，挂线后拉出。

② 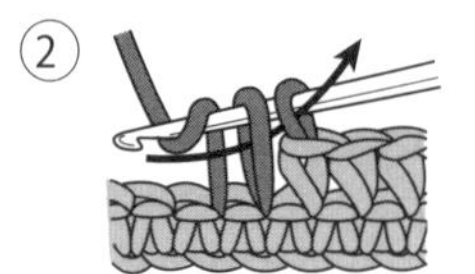
钩织短针。

③ 

短针的反拉针

① 
按照箭头方向插入钩针，挂线后拉出。

② 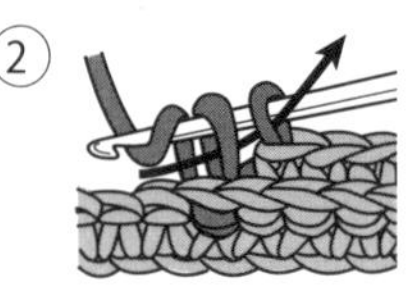
钩织短针。

③ 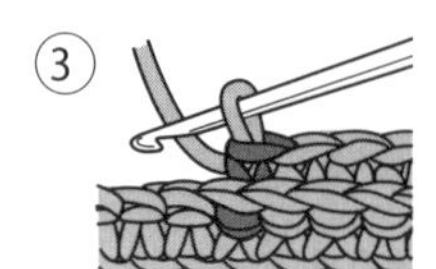

＊成束挑起

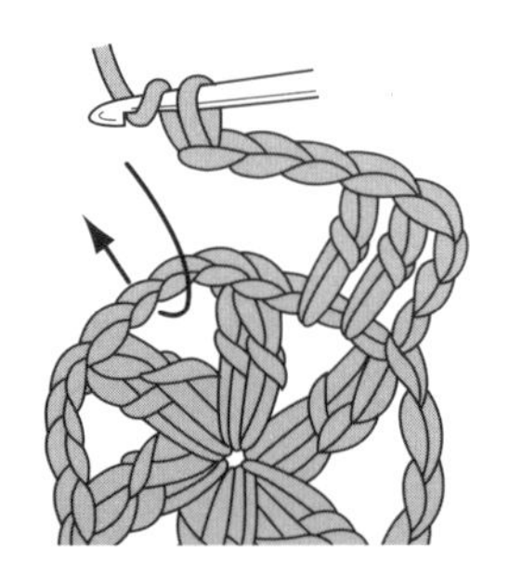

从前一行的锁针挑起针目时，按照箭头方向插入钩针，并将锁针成束挑起，叫作“成束挑起”。

※“分开针目入针”和“成束挑起”的区别

2针以上的针法符号，有符号下端闭合的，也有符号下端分开的，分别表示在挑起前一行针目时，前者是分开针目入针，后者是成束挑起。

●分开针目入针

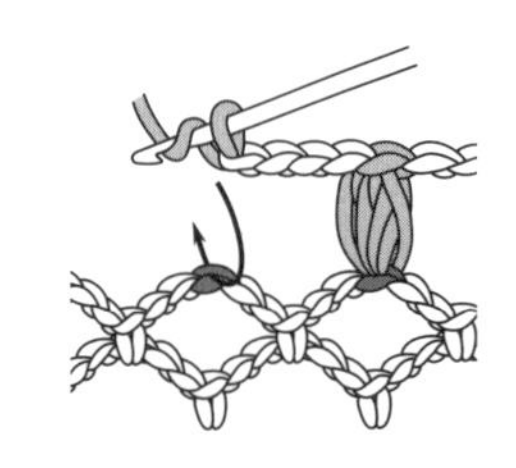

符号下端闭合

●成束挑起

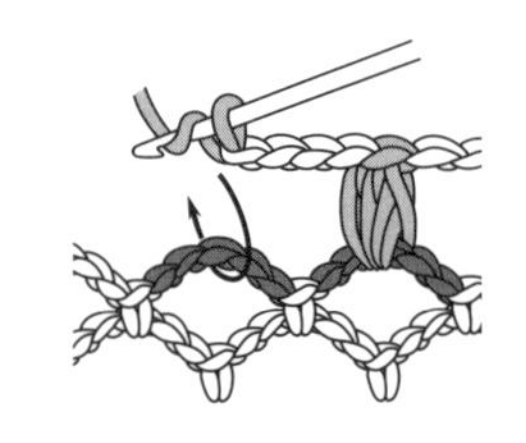

符号下端分开

＊换色方法和线头处理方法

在织片中间换线的方法

在完成换线那一针的前一针时，换成新线。

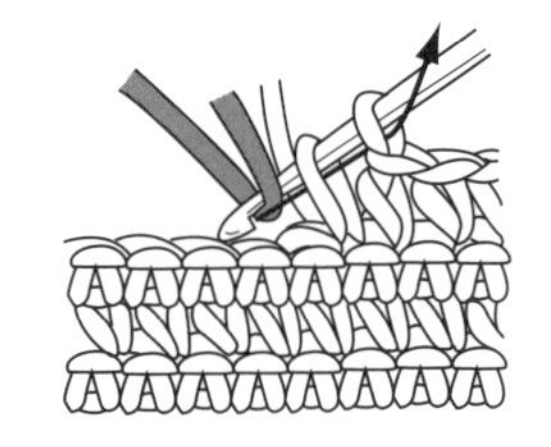

在织片顶端换线的方法

在完成换线前一行的最后一针时，换成新线。

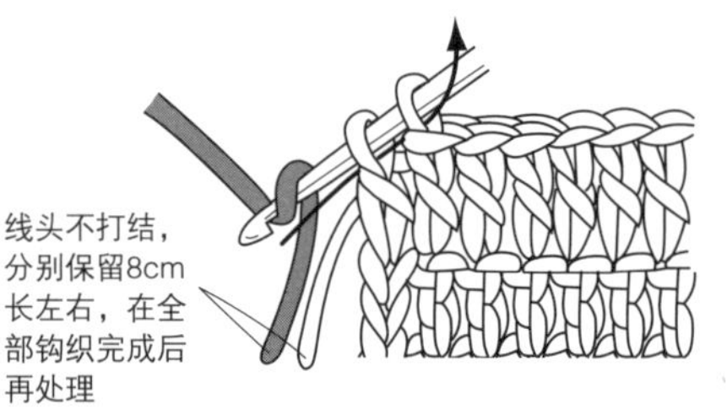

条纹花样的换线方法

钩织完的线不要剪断，暂时放在一边，下次配色时渡线钩织。

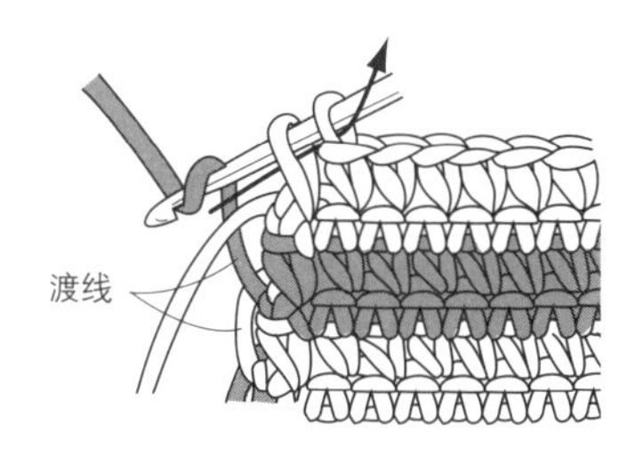

线头的处理方法

作品钩织完成后，将线头穿过手缝针，隐藏在织片的反面。

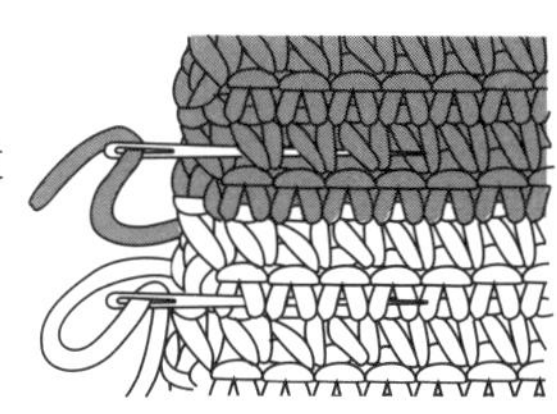

＊配色花样

在正面渡线的方法（以短针为例）

①

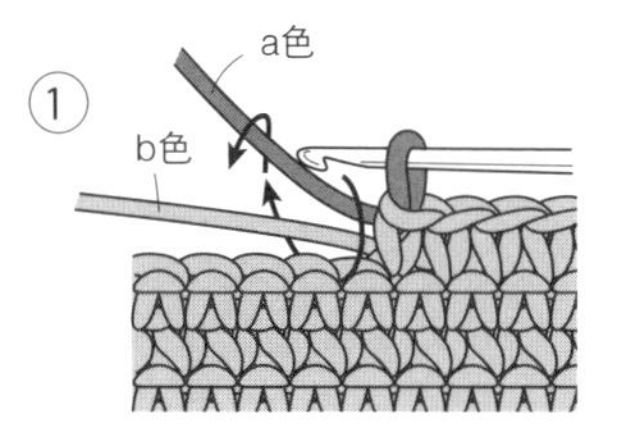

②

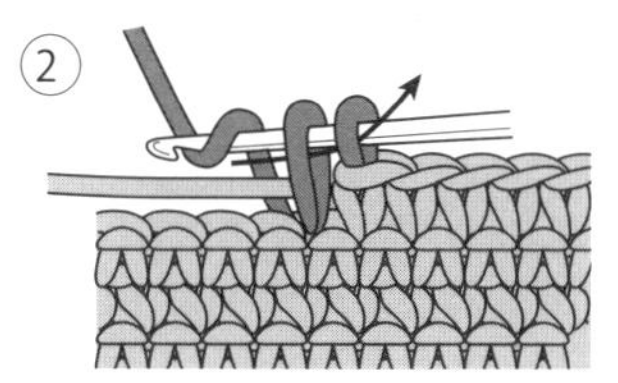

一边包裹着b色线，一边用a色线钩织短针。

在反面渡线的方法（以短针为例）

①

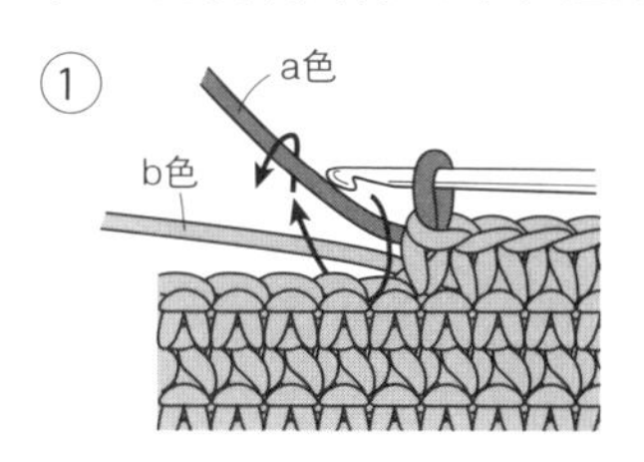

②

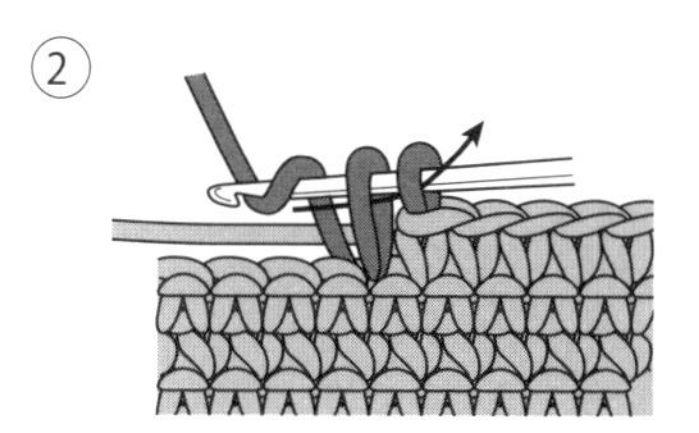

将b色线暂时放在织片的后侧，用a色线钩织短针。

＊在花片的最终行连接的方法

用引拔针连接的方法

从要连接的花片的正面插入钩针，钩织引拔针。

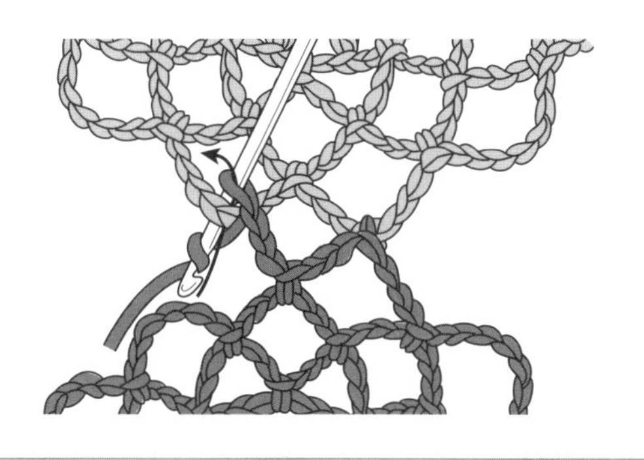

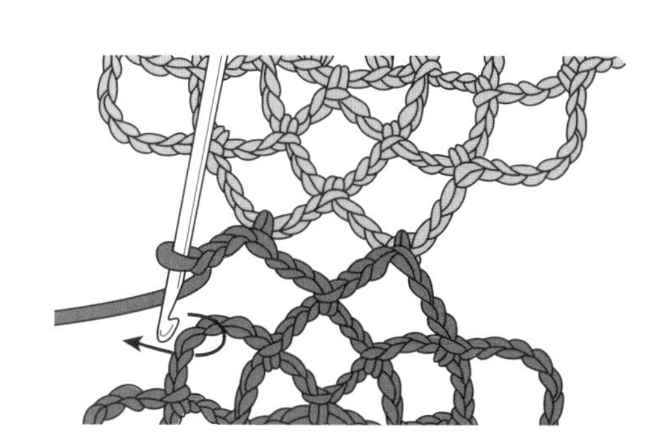

＊缝合、接合

用手缝针缝合

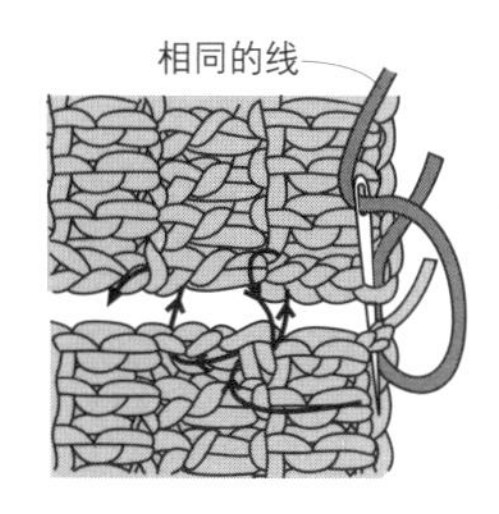

将织片对齐合拢，看着正面缝合。

卷针缝缝合

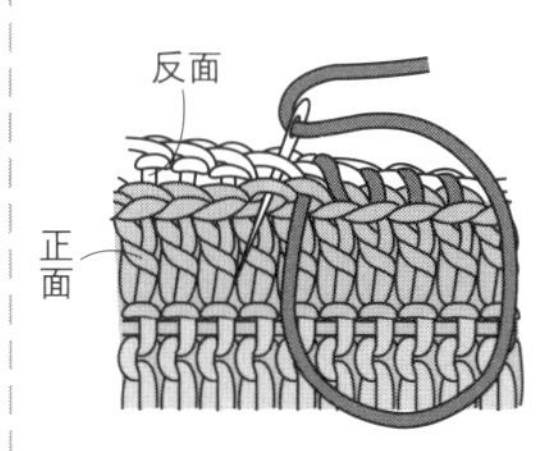

将织片反面相对对齐，用手缝针穿过针目的顶端缝合。

用引拔针接合

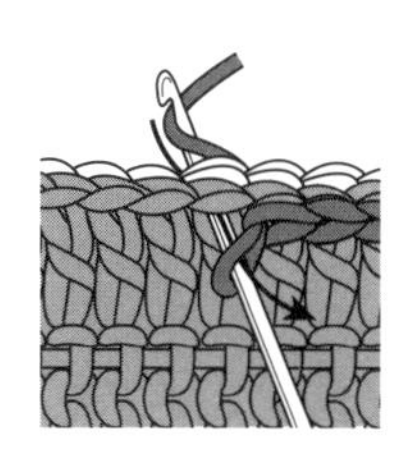

用钩针穿过针目的头部，钩织引拔针。

用锁针和引拔针接合

※锁针的针数需要根据花样进行调整。

※用锁针和短针接合时，也用相同的方法，重复钩织锁针和短针进行接合。

①

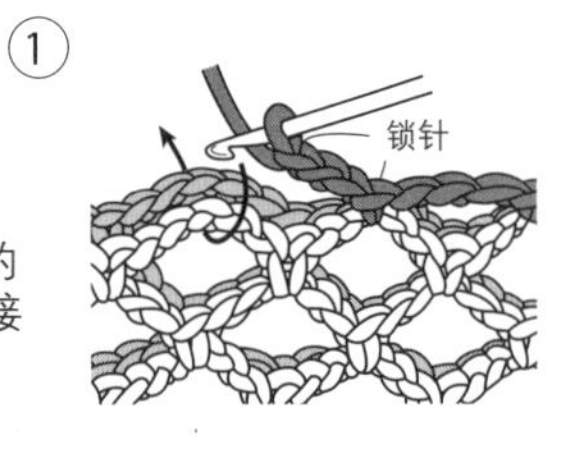

将织片正面相对，重复钩织引拔针和锁针接合。

②

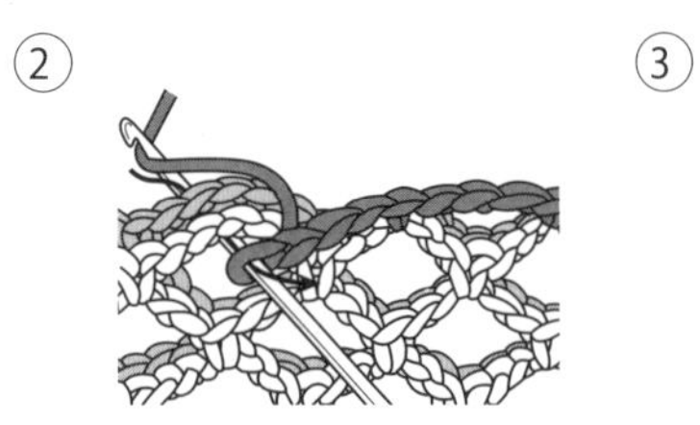

③

从正面看到的样子。

＊锁针接合

①

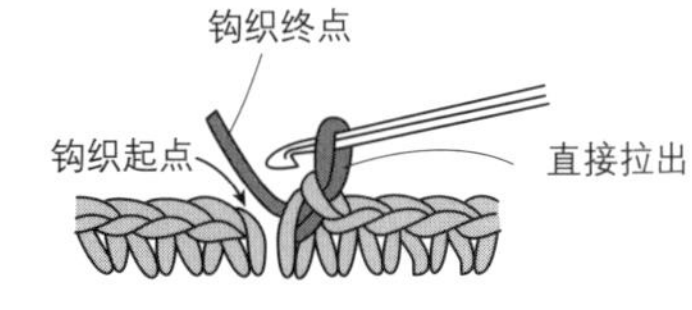

②

③

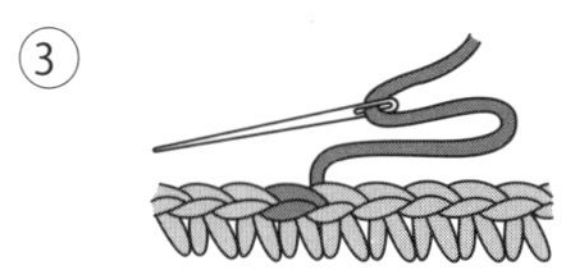

将线头穿入反面，进行处理。

其他的技法

＊手缝的技法

卷针缝

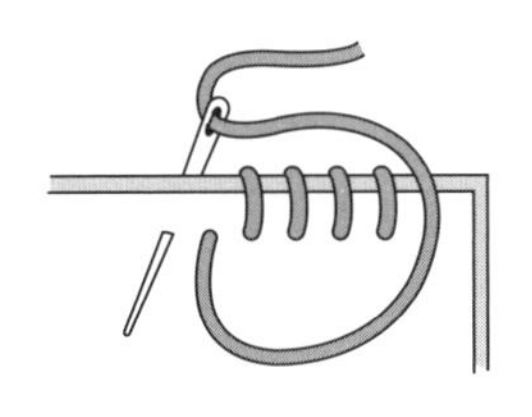

藏针缝

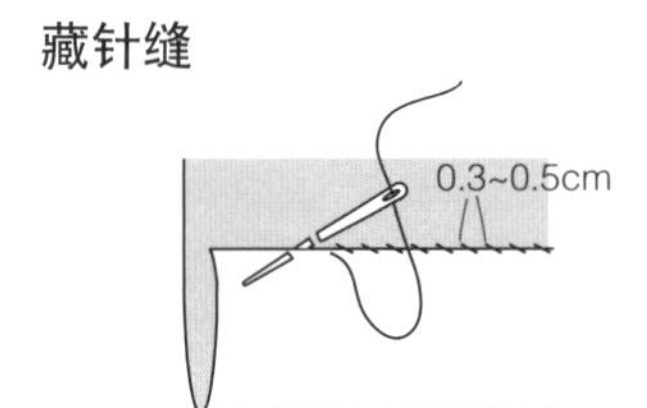

回针缝

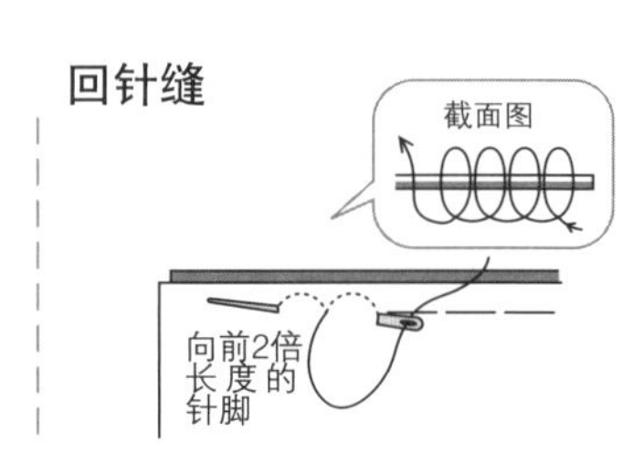

＊绒球的制作方法

①

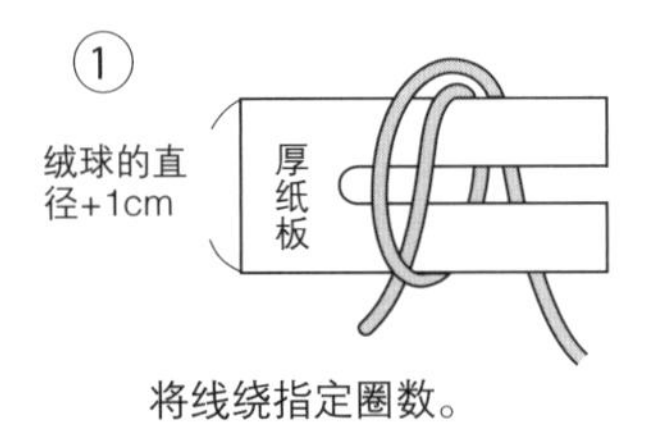

将线绕指定圈数。

②

在中间紧紧打结，再将两端剪断。

③

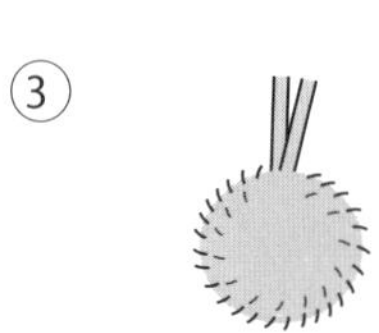

修剪成圆球状。

＊流苏的连接方法

①

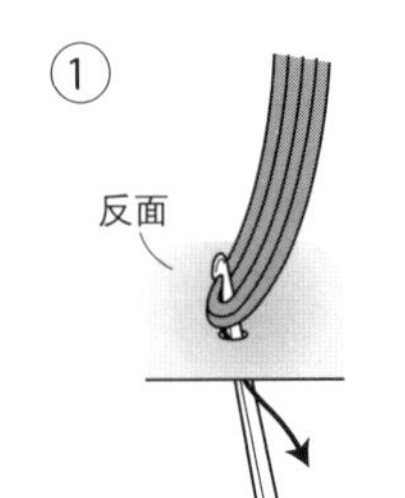

②

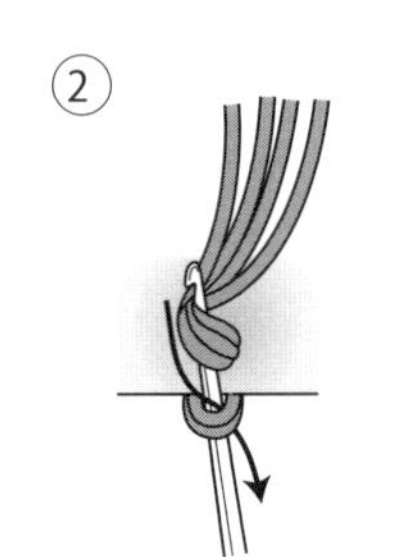

③

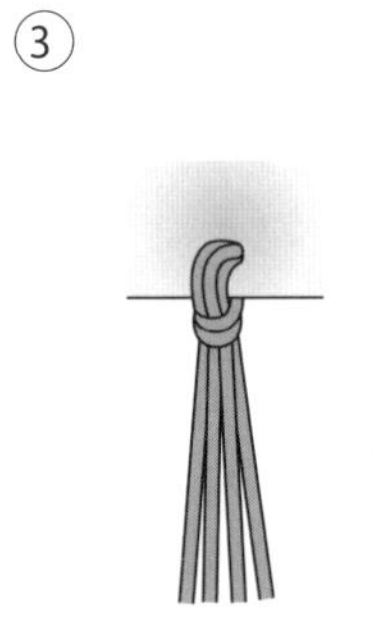

＊打单结

①

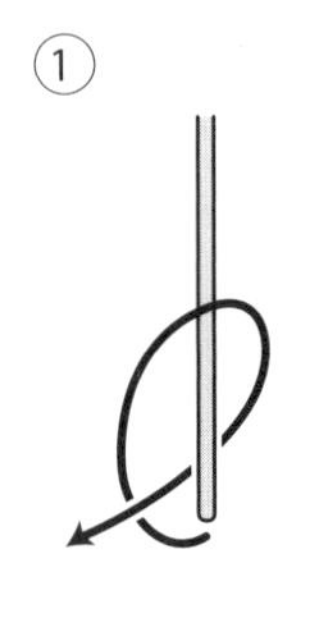

将绳子转一圈打结。

②

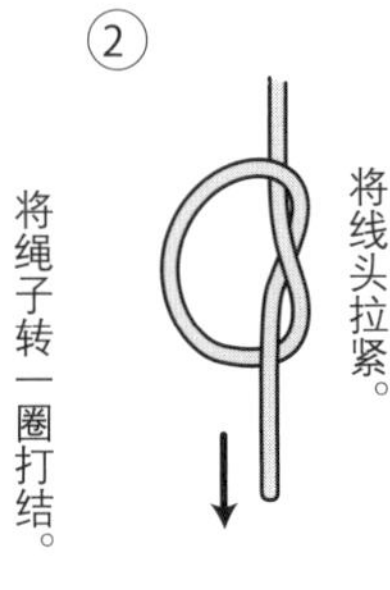

将线头拉紧。

③

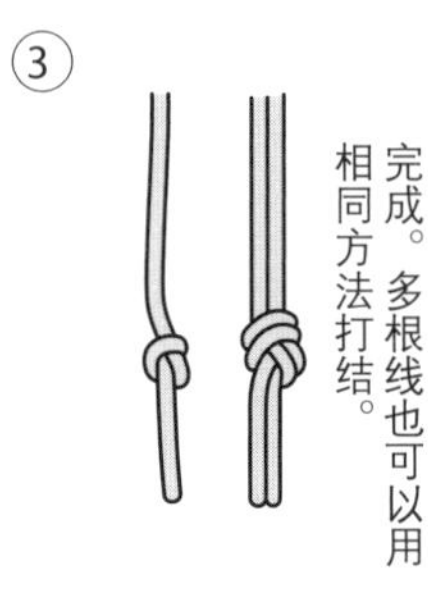

完成。多根线也可以用相同方法打结。